쇠똥구리는
은하수를
따라
걷는다

LE COUP DE LA GIRAFE WRITTEN BY LÉO GRASSET AND ILLUSTRATED BY COLAS GRASSET
© Éditions du Seuil, 2015
All Rights Reserved
Korean translation © 2018 by KL Publishing Inc.
Korean translation rights arranged with Éditions du Seuil through Orange Agency

쇠똥구리는 은하수를 따라 걷는다
사바나에서 발견한 열다섯 가지 진화생물학 이야기

1판1쇄 펴냄 2018년 11월 23일

지은이 레오 그라세 │ **옮긴이** 김자연

펴낸이 김경태 │ **편집** 홍경화 전민영 성준근 │ **디자인** 박정영 김재현 │ **마케팅** 곽근호 윤지원
펴낸곳 (주)출판사 클
출판등록 2012년 1월 5일 제311-2012-02호
주소 03385 서울시 은평구 연서로26길 25-6
전화 070-4176-4680 │ 팩스 02-354-4680 │ 이메일 bookkl@bookkl.com

ISBN 979-11-88907-37-3 03470

이 도서의 국립중앙도서관 출판예정도서목록(CIP)은 서지정보유통지원시스템 홈페이지(http://seoji.nl.go.kr)와
국가자료공동목록시스템(http://www.nl.go.kr/kolisnet)에서 이용하실 수 있습니다.(CIP제어번호: CIP2018035943)

목차

III
이상한 짐승

IV
인간과 사바나

머리말

2012년 가을, 크라우드펀딩을 하는 여러 사이트를 발견했다. 이들의 논리는 이렇다. 하나의 프로젝트를 제안하면 익명의 누리꾼들이 거기에 돈을 지원한다는 것. '훌륭해!'라고 생각했다. 그때 2013년 4월에 짐바브웨로 가서 6개월 동안 황게국립공원Hwange National Park에 사는 얼룩말 개체군을 연구할 계획이었다. 그래서 크라우드펀딩으로 지원받아서 질 좋은 장비에 투자하면 사바나Savanna(건기가 뚜렷한 열대와 아열대 지방에서 발달하는 초원—옮긴이)를 담은 일종의 '과학 보도사진'을 찍을 수 있겠다고 생각했다. 그래서 자금 조달 캠페인을 시도했는데……, 비참하게 실패하고 말았다. 프로젝트 기부자에는 익명의 누리꾼은 없고 우리 가족이나 친구뿐이었다. 실패.

　내게 (그 수가 한정적일지라도) 구독자가 생기고 그 구독자가 내게서 (비록 아마추어 수준이라 해도) 완성된 생산물을 기대할 것이라는 예상은, 현장에서 얼룩말의 줄무늬 크기를 재보던(맞다, 진짜로 그랬다) 두 차례의 탐사 기간 사이에, 개인 사진들로 꾸민 블로그에 글 열다섯 개를 써야 할 타당한 이유가 되었다. 그러니까 이 책의 내용은 처음부터 책으로 내려던 것이 아니라, 비밀 독자층을 위해 쓴 글들이었다.

황계에서 썼던 원고는 경험에 따라 점점 개인적으로 변했다. 코끼리의 지진을 다룬 장은 후피 동물(포유동물 중 가죽이 두꺼운 동물을 통틀어 이름—옮긴이)과의 만남에서 영감을 받았다. 특별한 코끼리 한 마리를 만났을 때였다. 녹 때문에 부식한 그 빌##을 4륜구동 자동차의 배터리가 고장 나서 차 안에 있었는데, 코끼리 무리에서 한 마리가 다가와서…… 오랫동안 우리를, 망가진 내 차와 나를 아마 반 시간쯤 유심히 살펴보았다. 내가 봤던 수컷 중 가장 컸는데, 서로 마주보던 그 순간이 내게는 정말로 감동이었다. 사람이 동물의 행동에 미치는 영향과 관련한 부분은 황계에서 겪은 일상적 경험에서 영감을 얻었다. 음식물 도둑인 개코원숭이나 버빗원숭이Vervet Monkey와 매일 싸우던 일을 통해 우리가 그들의 습관을 바꾼다는 것을 충분히 깨달을 수 있었다. 사바나에서 살아온 인간의 역사에 관한 장의 일부 내용은 인간·동물 간 관계를 연구하는 친구 연구자들과 오랫동안 토론한 결과다. 마지막으로, 얼룩말을 다룬 장은 얼룩말의 행동을 그들의 외관, 특히 그들의 털과 연결 짓는 것이 목표였던 내 연구에서 착상을 얻었다.

지금은 짐바브웨에서 돌아와 태국에서 살면서 인터넷상에 올릴 과학 대중화 영상들을 만든다. 방송 프로그램 이름은 〈더티바이올로지DirtyBiology〉이고, 한 달에 여러 차례 수만 명의 사람을 불러모아서 이 책에 소개한 주제만큼이나 있을 법하지 않은 주제들을 이야기한다.

(늘 박식하지만은 않은) 사바나의 연구자들(사바나savane와 박식한 savant이라는 불어 단어가 유사함—옮긴이)이 자신에게 스스로 던지는 이 상야릇한 질문 속에서 좋은 여행을 하기를 바란다.

I
모든 상태에서의 진화

테오도시우스 도브잔스키Theodosius Dobzhansky라는 저명한 유전학자는
"진화의 빛이 아니라면 생물학에서는 아무것도 의미가 없다"라고 말했다.
하지만 가끔 이 빛은 이상하고 해독하기 어려운 그림자를 드리우기도 한다.
여기에서처럼 여전히 과학 연구의 경계에 있는 질문에 대해서는 말이다!

1

암컷 하이에나의 페니스

왜 암소는 뿔이 있을까? 왜 대부분 새끼 암컷 영양은 뿔이 없을까? 왜 남자는 유방이 있을까? 왜 암컷 하이에나는 페니스 모양의 클리토리스가 있을까?

사실 보편적인 질문은 다음과 같다. 두 성별 중 한쪽 성별에서만 기능하는 것 같은 어떤 형태학적 특징이 왜 다른 성별에도 존재할까? 유방이 그 좋은 예다. 여자에게 유방은 유관을 모으고 아기의 입과 엄마의 유선 사이에 접점을 확보하면서 아기에게 젖을 주는 기능을 하지만, 남자에게서 유방이 어떤 기능을 하는지는 덜 분명하다. 아기에게 젖을 주려는 게 아니라면 두 개의 유방이 있어서 좋을 이유가 무엇일까? 유방 문제를 정면으로 돌파하려면 문제의 핵심을 공략해보자. 이는 간단하게 '안 될 것 없잖아?'라고 요약할 수 있다. 달리 말해, '모든 것이 꼭 기능이 있어야 할까?'

생물의 진화를 지배하는 법칙 중 선택은 가장 큰 부분을 차지한다. 특히 사바나에서는 더욱 그렇다. 한 개체가 다른 개체보다 경미하게 우월한 조건을 갖추는 순간, 즉 전자가 후자보다 더 많은 새끼를 낳을 수 있다는 의미가 내포될 때부터 꽤 긴 시간이 흐른 뒤에 전자의 새끼만이 지구에 흩어져 있고 후자의 새끼는 진화에서 잊혀갔음을 알고 있을 것이다. 당연히 이것은 단순화해서 말한 것이지, 현실 세계에서는 절대 단순한 일이 아니다. 유두의 진화를 상상력을 발휘한 비유를 들어 이론으로 설명해보자.

처음에는 흉근이 매끈한 이들밖에 없었다고 가정해보자. 어느 날 한 쌍의 젖꼭지가 있는 남자가 나타난다. 이 남자의 유두는 그가 만나는 여자들을 유혹하는, 머리를 어지럽히는 냄새를 발산하며 유두가 없는 수컷보다 아기를 가령 1.5배 더 많이 낳게 해준다. 이런 변이가 유전된다면, 이 행복한 돌연변이의 자식에 대해서도 추론이 뒤따른다. 아빠가 그런 능력을 물려주었으므로 그 자식도 꼬마를 1.5배 많이 낳게 될 것이다. 이 아이들 역시도 유방이 없는 수컷의 손자보다 아이를 1.5배 많이 낳을 것이고, 이런 상황이 일정 기간 계속된다. 500년이 흘러서 각 25년 기준으로 20세대가 지난다고 치면, '유방과 페로몬'의 혈통은 흉근이 매끈한 혈통보다 아이를 약 3,325배 많이 낳게 될 것이다. 직접 계산해보시라. 그냥 1.5의 20제곱을 하면 된다. 유전된다는 가정 아래, 최소한의 우월한 조건도 아기의 수에 대대로 영향을 미친다. 그리고 결국 작은 영향이 쌓여서, 이 유두가 있는 인구가 독점적이라는 결과에 이르며, 커다란 보너스를 만들어낸다.

이 시나리오에서는 어떤 기관이 존재하는 이유는 그 기관에 기능이 있기 때문이다. 어떤 기관이 불필요해 보인다면, 그것은 우리가 아직 그 기능을 발견하지 못한 것이다. 그뿐이다. 생물학자들은 예컨대 여성은 유두가 없는 남성보다 있는 남성을 선호한다고 말한다. 우리 또한 이 기관에 사회적 기능이 있다고 생각할 수 있다. 아기가 엄마의 젖꼭지를 간질이면, 옥시토신oxytocin이 쏟아져 나온다는 사실은 이미 알려졌다. 옥시토신은 행복과 사회 단결을 책임지고, 또 부모와 자녀 사이의 '애착' 형성에 이바지하는 것으로 평판이 높은 호르몬이다. 달리 말하면, 엄마의 젖꼭지를 아기가 더 많이 간질일수록 엄마는 아이에게 더 많이 사랑이 생긴다. 그러면 그 아이는 더 잘 생존할 수 있으니, 결국 그럴수록 아기가 더 많아진다! 요컨대, 이 설명은 '그게 존재한다면 그건 분명히 하나 혹은 여러 가지 기능이 있다는 뜻이다'라는 계열에 속한다.

하지만 우리는 연한 피부 돌기들이 전혀 어떠한 기능도 없다고 설명하는 다른 시나리오도 제안할 수 있다. 모든 사람은 초기 배아였을 때 여성이었다는 사실을 기억하자. 암컷이라는 성이 '기본' 성별이고, 여기에서부터 남성으로 분화한다. 남성호르몬의 첫 배출은 8주차에야 나타난다. 달리 말하면, 남자는 이미 약간은 여성스러운 것에서 그리고 이미 가변적인 '그 자리에' 수컷의 기관을 만들어낸다. 이때 유방은 이미 6주차부터 만들어지고, 남자는 이것과 함께해야 한다. 그러므로 이런 추론으로 돌아가볼 수 있다. 수컷 각각의 속성은 테스토스테론testosterone(정소에서 분비되는 대표적인 남성 호르몬. 근육과 생식 기관의

1. 암컷 하이에나의 페니스

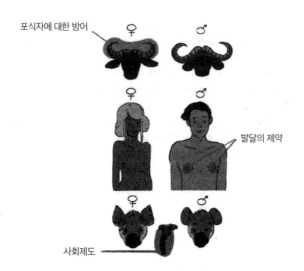

포식자에 대한 방어

발달의 제약

사회제도

한 성별의 성적 속성이 다른 성별에서도 나타날 수 있고, 그 이유는 여러 가지다.

발육을 촉진하고 이차 성징이 나타나게 한다—옮긴이) 일제 사격과 안드로 젠androgen(남성 호르몬이나 이와 비슷한 생리 작용을 가지는 물질을 통틀어 이르는 말—옮긴이) 돌풍 속에서 엄격하게 획득한 추가적 속성이다. 뭔가 여성적인 것이 남았는데, 그것이 이를 지닌 개체를 방해하거나 불리하게 하지 않는다면 그 자리에 남게 될 것이다.

물론 강력한 선택이 이 강압을 피해가게 해주고, 젖꼭지가 없는 수컷이 젖꼭지가 있는 자신의 경쟁자보다 유리하도록 해줄 수도 있다. 하지만 그건 확실히 사실이 아니므로, 이 분홍빛 부속기관을 체념하고 받아들이는 것이 낫다.

맨눈으로는 암컷 하이에나의 클리토리스를 페니스와 구분할 수 없다!

제자리에 있지 않은 듯한 특징이 나타나는 이유를 이해하는 것은 생물학자에게는 하나의 도전이다. 사바나의 또 다른 두 가지 예, 하이에나의 페니스 모양인 클리토리스 그리고 암컷 물소의 뿔을 살펴보자.

당신이 제대로 읽은 게 맞다. 점박이하이에나*Crocuta crocuta*(사진 2*) 암컷은 페니스 모양의 클리토리스가 있다. 전문 용어로는 가假페니스, 즉 모조품이라고 부른다. 하지만 주의하시라. 이것은 좋은 모조품이다! 사실 이 종에서는 암컷이 수컷의 생식기 전부를 모조했다. 암컷은 가짜 음낭 그리고 가짜 페니스 위에 가짜 케라틴keratin 가시(많은 포유류에서 음핵을 따라 발달된 각질화된 돌기―옮긴이)도 있다. 이 클리토리스는 발기할 수 있으며, 이것으로 부인께서 소변도 본다. 요컨대, 맨

* 모든 사진은 이 책의 맨 뒤를 참조하면 된다.

눈으로 아빠 하이에나와 엄마 하이에나를 구분하기가 어렵다고 해도 과언이 아니다.

이 기관은 암컷 하이에나가 새끼를 낳고 싶어할 때는 자신을 매우 구속한다. 15퍼센트의 어미가 첫 출산에서 죽고, 60퍼센트의 새끼가 태어날 때 죽는다! 진화적인 관점에서 볼 때 이 가페니스의 존재를 정당화하려면 꽤 강력한 보상이 반드시 있어야 할 것이다. 첫번째 이점은 수컷으로서는 암컷에게 짝짓기를 강요하기가 어렵다는 점이다. 암컷이 짝짓기에 동의한다고 해도, 이들은 좋은 자세를 취하고자 여러 번 자세를 고쳐야 한다. 사실 이 종에서 짝짓기는 수컷에게 전문적인 능력을 요구하는 완전한 예술이다. 그래서 암컷이 자기 마음에 드는 수컷을 선택하는 데 필요한 모든 시간을 누리게 해준다.

사람들은 오랫동안 암컷 하이에나의 가페니스가 하이에나종種이 서열화한 결과라고 생각해왔다. 암컷이 수컷을 지배하고(암컷은 수컷보다 몸집이 더 큰데, 그것이 이러한 서열화에 도움이 된다), 암컷 중에서는 가장 공격적인 암컷이 그보다 덜 공격적인 암컷들을 지배한다. 공격성은 안드로젠과 같은 남성호르몬에 의해서 조절된다. 그래서 사람들은 집단을 지배하려고 벌이는 대결이 암컷에게서 안드로젠 수치 상승을 촉발하고, 이로 말미암아 '우발적으로' 수컷 기관이 출현한 것으로 생각했다.

요약해보자면, '공격성=안드로젠=수컷 기관'이다. 오늘날에는 이런 우회적인 설명이 더는 통하지 않는다. 가페니스가 그 유명한 웅성호르몬 덕분에 나타난 것이 아니라는 사실을 우리가 알기 때문이

I. 모든 상태에서의 진화

다. 안드로젠은 가假성기의 출현에 그 어떠한 책임도 없다. 그러니 다른 설명이 필요하다.

사람들은 이렇게 말한다. 암컷의 생식기관은 진정으로 수컷의 생식기관과 일치하는 복제라고 말이다. 모든 것이 다 있고, 아무것도 빠지지 않았다. 사실 수많은 연구의 저자들은 이 기관이 단순하게 호르몬 사고라고 하기에는 모방이 너무나 완벽하다고 생각한다. 오히려 그들은 아마도 암컷들 사이의 분쟁을 줄이고자, 암컷이 수컷을 닮도록 하려는 어떤 선택이 있었으리라고 추정한다. 사실 우리는 지금으로서는 이 이상한 복제가 나타난 이유에 대한 그 어떤 의견 일치도 얻지 못했다. 유일하게 확실한 것은 이 클리토리스가 가장 사소한 부분까지 남성 기관과 닮게 하려는 매우 강력한 선택이 있었다는 사실뿐이다.

계속해서 기이한 성적 속성의 나라로 여행을 이어가보자. 발정이 난 수컷 임팔라Aepyceros melampus(사진 15)를 본 적이 있는가? 솟과科의 이 영양은 공격적인 의식에서 자신의 뿔을 다른 수컷의 뿔에 난폭하게 부딪힌다. 목적은 때때로 100여 마리에 이르는 암컷 집단을 통제하는 것이다. 암컷은 뿔이 없으므로 논쟁에서 합의가 이루어졌다. 이 부속기관은 바로 수컷 사이의 경쟁에서 사용한다. 게다가 뿔은 뒤쪽을 향한다. 목표는 상대를 죽이는 것이 아니라 단지 적수를 밀어내는 것이다. 그러므로 이 뿔의 기능은 수많은 사슴과 동물에게 나타나는 것과 동일하다. 수컷에게 뿔이라는 특출한 기관을 부여해주어, 수컷들끼리 서로 이 뿔을 치면서 암컷에게 누가 가장 잘났는지 보여주려고 한다. 소목目 사슴과 동물에서 이런 종류의 기관은 엄청난 크기에 이르기도 하는데, 극단으로 간 진화의 예시가 존재한다. 바로 큰뿔사슴*Megaloceros giganteus*이다. 이 사슴의 뿔은 폭이 3.6미터에 무게가 40킬로그램에까지도 이른다.

한편 암컷에게 뿔이 있는 다른 솟과 종들도 존재한다. 물소(아프리카들소속屬, 사진 5) 또는 집소가 그 예다. 언제나 그렇듯이 생물학자들은 많은 가설을 제안했다. 그 가설 중 하나는 단지 수컷과 암컷 사이의 '유전적 상관관계'를 얘기한다. 즉, 수컷과 암컷이 (적어도 생애 초기에는) 동일선상에서 만들어져서 이 유사성을 그 후에도 유지했다는 것이다. 이런 설명이 남자의 유방에는 작동할 수 있지만, 모든 곳에서 반드시 다 통하는 것은 아니다. 특히 왜 어떤 암컷 솟과들(물소, 젖소)은 뿔이 있고 다른 솟과들(영양)은 없는지를 설명해주지는 못한다. 여기에서, 이번만은 설명이 꽤 간단하다. 암컷에게 뿔이 있는 이유는 그냥 단순히, 예컨대 자신의 크기 때문에 포식자들로부터 더는 숨을 수 없을 때, 자기 스스로 보호하려는 것이다. 실제로 임팔라는 무성한 풀 속에서 위장할 수 있는 색의 동물이지만, 물소는 아주 어두운 색으로 눈에 잘 띄는 거대한 동물이다. 포식자 앞에서 암컷 물소가 살아남을 유일한 방법은 자신의 목숨을 지키고자 싸우는 것이다. 게다가 이 동물에게 '과부 제조기'나 '검은 죽음'이라는 친근한 별명들이 붙을 만큼 물소의 뿔은 치명적인 것으로 알려졌다. 매년 아프리카에서 물소는 200건 이상의 죽음을 일으킨다. 도덕적 교훈. 숨기에 몸집이 너무 크다면 자기 목숨을 소중히 지킬 수 있어야 한다.

I. 모든 상태에서의 진화

요약해보자. 남자의 유방은 기능이 있는 것처럼 보이지는 않는다. 그것의 존재는 일반적으로 발달에서 일어난 너무 강력한 제약의 결과이자, 그것을 없애기에는 너무 약한 선택의 결과로 설명된다. 하이에나의 사례에서는 암컷의 성적 특성이 수컷의 성적 특성을 닮게 하는 아주 강력한 선택이 존재하는 것 같다. 그리고 이는 사회 분쟁의 감소와 연결할 수도 있을 것이다. 다른 숫과 종에서는 전형적인 수컷의 특징으로 여겨지는 뿔을 거대한 숫과 동물들의 암컷이 보유한다. 암컷에게 나타나는 뿔의 존재는 아주 강력한 선택을 드러내는데, 뿔이 포식자들에게 대항해 자신을 스스로 방어할 수 있게 해주기 때문이다. 간단히 말해서, 기관은 꼭 기능이 없더라도 존재할 수 있다. 반대로, 얼핏 보면 '불필요'해 보이는 일부 기관은 사실 중요한 선택의 결실로 정말로 기능이 있다.

진화는 복합적인 현상이다. 새로운 기관을 만들어내면서 다른 기관이 사라지게 하거나 기존의 기관을 새로운 기능으로 다시 사용하기도 한다. 끊임없는 연구 앞에서 때때로 생물학자들은 자신들이 연구하는 외형의 기능을 이해하는 데 어려움을 겪기도 하고, 가끔은 반직관적인 수많은 가설을 서슴없이 제안하기도 한다. 혹시 연구자들이 진화라는 창의적인 격렬함을 이해하는 데 이따금 너무 단순한 틀을 사용해서 주로 문제가 비롯되는 것은 아닐까?

1. 암컷 하이에나의 페니스

2
기린의 일격

기린의 매우 긴 목이 어디에서 기원했는지는 생물학자 사이에서 논쟁의 중심에 있다. 해답은 아주 간단해 보인다. 길이가 2미터에 달하는 기린의 목은, 기린이 먹이로 먹는 그리고 다른 모든 동물은 닿을 수가 없는, 나무 위쪽의 나뭇잎들에 유일하게 접근할 수 있게 해주었으므로 선택되었다. 요컨대 다른 동물들과의 먹이경쟁을 피하려는 적응 현상이다. 이 문제는 오래전부터 거론되었다. 진화생물학의 상징적 인물인 찰스 다윈Charles Darwin도 『종의 기원On the Origin of Species』 여섯번째 판에서 짧은 문단을 할애해 이 문제를 다뤘는데, 다윈은 조금 더 목이 긴 개체가 더 목이 짧은 개체보다 평균적으로 좀 더 잘 살아남을 수 있으므로 기린은 연속적인 작은 확장들을 통해서 이렇게 긴 기관을 얻었다고 서술했다. 또 이는 다른 초식동물들은 접근할 수 없는 나뭇잎을 먹을 수 있기 때문이라고 설명한다.

I. 모든 상태에서의 진화

"기린의 큰 키, 길게 뻗은 목, 앞다리, 머리 그리고 혀는 기린이 높이 있는 나뭇가지들을 뜯어먹기에 놀랄 만큼 적합한 동물로 만들어준다. 기린은 같은 지방에 사는 다른 유제류有蹄類(포유류 중 발굽이 달린 동물—옮긴이)들의 손이 미치지 않는 곳에 있는 먹이를 찾을 수 있다. 이는 먹이가 부족한 시기에 기린에게 큰 이점이 된다. [……] 야생에서 태어난 기린 중에서 다른 개체들보다 더 키가 크고, 다른 개체들보다 손가락 한두 마디 정도 더 높은 곳에 있는 나뭇잎을 뜯어먹을 수 있는 개체들은 종종 기근 동안에도 살아남을 수 있다. [……]"

찰스 다윈, 『종의 기원』 1872.

이것은 이후에 자연선택의 전형, 본보기가 되어 수많은 대중서와 대중화 논문에 인용된다. 그러나 1990년대 중반에 일부 생물학자들은 이 시각에 반대하는 중요한 논거를 제시했다. 이들이 직접 관찰한 바에 따르면, 기린은 높은 곳에 있는 먹이를 먹으려고 그들의 긴 목을 그다지 많이 이용하지 않는다! 이 연구자들은 암컷 기린이 먹이경쟁이 가장 격렬한 시기, 즉 키의 이점을 가장 많이 활용하리라고 우리가 기대하는 순간에 자기 시간의 반 이상을 자신의 목을 수평으로 둔 채 지낸다는 사실을 밝혀냈다. 그래서 이 생물학자들은 기린 진화의 역사에 대한 고전적인 시각을 혁신하는 또 다른 시나리오를 제안했다.

주목하시라. 기린의 목은 정확히 영양이나 사슴의 뿔처럼 수컷 간의 싸움에서 무기로 이용되었을 수 있다! 사실 수컷 기린은 암컷에

경쟁 피하기   수컷들 사이의 싸움(네킹)

기린의 목은 여러 가지 기능을 완수한다.
어떤 기능이 기린 목의 진화를 끌어냈는지 알아내는 것은 생물학자 사이에서 논쟁 주제다.

게 접근하려고 네킹necking이라 불리는 대결에 몰두하여, 상대에게 자기 목을 맹렬하게 부딪히고 자신의 무거운 머리를 몽둥이처럼 휘두른다. 수컷의 두개골은 매우 두꺼워서 이런 무력행사는 상대방의 척추를 부숴버릴 수도 있다. 니제르Niger에는 기린 집단 수가 아주 미미한데도 2009년 싸움으로 말미암은 두 건의 죽음이 확인된 바 있다. 이런 맥락에서는 자신의 적수보다 목이 더 두꺼운 것이 유리하다. 그래서 이 발견자들은 이것이 바로 기린이 목이 긴 이유라고 결론짓는다. 가장 많이 번식하는 수컷은 가장 목이 긴 수컷이다. 이는 말 그대로 이 기관의 진화를 위쪽으로 '잡아당긴다.'

하지만 그렇다면 왜 암컷 기린도 목이 긴 걸까? 이 생물학자들은 '두 성별 사이의 유전적 상관관계'를 제외하고는 별다른 설명을 내놓지 못했다. 앞서 확인했듯이 이 가설은 다른 논거들이 고갈됐을 때 마지막 수단으로 종종 사용한다. 요컨대 이들의 주장이 모든 것을 다 설

        I. 모든 상태에서의 진화

명하지는 못하고, 이런 결함 때문에 격한 비난을 받았다. 만약 긴 목이 성 선택의 산물이라면, 수컷의 목이 암컷의 목보다 현저하게 컸어야 한다. 2013년, 생물학자들은 수컷과 암컷 기린의 목 크기를 정밀하게 측정해서 그것은 사실이 아니라는 것을 밝혀냈다. 수컷은 암컷보다 목이 약간 더 크지만, 이를 성 선택 탓으로 돌리기에는 차이가 너무 너무 작다.

목이 성별 경쟁에 필요한 기관이라는 생각 역시, 기린이 높은 곳에 있는 먹이를 먹으려고 자신의 목을 쓰기보다는 싸우려고 썼다는 발상에 기초한다. 2007년, 다른 생물학자들이 기린이 진짜로 높은 곳의 먹이를 먹으려고 목을 사용한다는 사실을 실험으로 확인하며 이 주장을 다시 폈다! 이들은 철책을 이용해 나무들을 고립시켰다. 기린보다 키가 작은 다른 초식동물들은 이제 나뭇잎을 먹을 수가 없었지만, 기린은 여전히 철책 위를 넘어 나뭇잎을 먹을 수 있었다. 연구자들은 고립된 나무들과 다른 나무들을 비교하면서, 나뭇잎 경쟁이 더 커졌을 때 기린은 높은 곳의 먹이를 먹는다는 사실을 밝혀냈다. 그러므로 다윈이 정확하게 본 것이다. 기린의 긴 목은 경쟁을 피하고자 사용하는 것이다. 우리는 화석에서 또 다른 추가적인 논거를 얻을 수 있다. 기린의 긴 목은 1200만 년에서 1400만 년 사이에 나타난 것으로 보이는데, 이 시기는 아프리카가 전반적으로 건조해지면서 숲이 초원으로 대체되던 때다. 나무의 숫자가 줄면서 아마도 각 나무에 대한 경쟁이 늘어나서 기린은 긴 목을 선택한 것이다.

사물의 아름다움은 하나의 해석이 또 다른 해석을 배제하지 않는다는 데 있다. 높은 곳에 있는 먹이를 먹는 일은 아마 모든 성별을 포함한 이 종 전체가 긴 목으로 진화하기에 유리한 조건이고, 수컷들끼리의 경쟁에서 몽둥이로 쓰인 목의 용도 역시 수컷과 암컷의 두개골 두께에서 나타나는 중요한 차이를 설명하는 진화의 힘이다. 요컨대 기린의 목은 다양한 기능을 수행하는 기관이고, 그 기능 중에서 어떤 기능이 진화에 가장 많은 영향을 미쳤는지 알아내기는 어려울 수 있다. 가장 그럴듯한 선택압selective pressure(경합에 유리한 형질을 갖춘 개체군의 선택적 증식을 재촉하는 생물적, 화학적 또는 물리적 요인—옮긴이)은 높은 곳에 있는 먹이지만 말이다.

게다가 이 주제를 연구하는 생물학자들은 이 긴 목의 출현을 설명하고자 다른 수많은 가설을 끊임없이 내세운다. 긴 목은 그 긴 목에 따르는 높은 시야 덕분에 포식자를 더 쉽게 탐지하는 데 쓰였을 수도 있다. 아니면 커다란 열 소실 면적 덕분에 기린의 내부 체온을 조절하는 데 쓰였을 수도 있다. 다른 생물학자들은 기린이 수원에서 계속해서 물을 마실 수 있도록 길어진 다리에 대응하려 목이 진화한 것이라고도 제시한다.

기린 목의 진화는 어떤 특정한 종의 기관이 진화해온 역사를 재현하는 데 사용하는 과학적 방식의 훌륭한 본보기다. 140년 만에 경합을 벌이는 여러 가지 이론이 제시되고, 정밀한 현장 조사와 시끌벅적하고 열정 넘치는 토론 들을 거쳐, 어떤 이론들은 다른 이론들보다 유리한 위치를 얻게 되고, 다른 이론들은 완전히 배제되지는 않았지만…… 한쪽 구석으로 밀려나기도 했다. 사실 기린이 자기 목을 아카

I. 모든 상태에서의 진화

시아의 나무 꼭대기를 먹으려고 사용했다고 해도, 싸움이나 포식자 탐지 같은 다른 기능들도 아마 현재의 형태가 만들어지는 데 이바지했을 것이다. 결국 기린 목의 출현을 설명하는 가장 있음 직한 시나리오를 만드느라 열중하는 연구자들에게 기린 목은 또 다른 연구 과제를 주게 될 것이다. 긴 시간이 걸리지만 그래도 흥미진진한 작업이다!

3
가젤은 주사위를 던진다

"토키Toki는 참을성 있는 치타입니다. 아프리카 사바나의 무성한 풀숲에서 몸을 길게 늘이고 목표를 향해 발소리를 죽이며 나아갑니다. 토키의 먹이는 어린 톰슨가젤Thomson's gazelle 한 마리입니다. 가느다랗고 우아한 토키는 이미 그 톰슨가젤을 자신의 강력한 송곳니로 물었다고 생각하고, 눈에서 놓치지 않습니다. 갑자기 토키가 뛰어오릅니다. 토키는 단단한 자신의 근육들로 에너지를 태우면서 수풀 사이를 시속 90킬로미터라는 굉장한 속도로 달립니다."

당신은 수없이 나왔던, 아프리카 사바나의 동물상을 다룬 이 다큐멘터리를 싫증 난 기색으로 꺼버린다. 언제나 같은 내용이다. 빠르게 달리는 치타, 포식자에게서 도망치려고 뛰어오르는 가젤 그리고 말라버린 누런 풀 장식. 당신은 마음을 정했다. 가젤과 치타는 당신에게 더는 아무것도 가르쳐줄 게 없다. 그러나 톰슨가젤의 도주는 우리에게 아직도 많은 부분이 알려지지 않은 생물학의 세계로, 아마 미래 과학 혁명의 토양으로 향하는 문을 열어줄 것이다!

처음부터 시작해보자. 가젤은 치타에게 공격을 받았다. 치타는 뛰어오르고 돌진하여 가엾은 영양을 움켜쥐려 한다. 다만 이 영양은 영리하여 말 그대로 사방으로 뛰기 시작한다. 직선으로 뛰는 것은 즉각적인 죽음을 보장한다. 단거리 달리기 선수인 이 고양잇과 동물과 경쟁해서 이길 수는 없기 때문이다. 그러나 5초마다 갑자기 방향을 바꾸면서 뛰는 것은 치타를 곤혹스럽게 하고, 치타의 속도를 느리게 하며, 스프린터의 자아를 산산조각 내고 만다. 요컨대 이것은 생존할 수 있는 기회. 가젤의 달리기는 전적으로 불확실성에 의존한다. 연구자들은 도망치는 가젤의 다음 커브 방향은 예측할 수 없고, 이런 움직임이 공격에서 생존하는 데 아주 효과적이라는 것을 증명했다. 이렇게 우연성에서 이익을 얻는 것이 동물계에서 특수한 사례는 아니다. 가젤 말고도 많은 동물이 도망칠 때 이 방법을 사용한다. 어떤 동물들은 먹이를 먹거나 번식하는 데 쓰기도 한다. 이런 움직임은 그리스 신의 이름을 따서 '프로테우스Proteus 행동'이라 부른다. 프로테우스는 자신을 잡는 데 성공하는 이에게 미래를 예언해주겠다고 약속했던, 잡을 수 없는 신성이다. 프로테우스를 잡기는 쉬운 일이 아니었다. 이 바다의 신은 매우 빠르게 형상을 바꾸고, 사자·뱀·표범·돼지·수액 그리고 나무로 연달아 변신할 수 있었기 때문이다!

예측할 수 없는 행동은 타격을 줄 수 있다. 동물 행동 연구에서는 자연선택natural selection으로 동물의 반응이 최적화되고, 각 개체는 가

가젤은 포식자가 방향을 잃게 만들고자 불확실해 보이는 방향들을 택하면서
갑작스럽게 경로를 바꾼다.

능한 한 더 좋게 타협하려는 성향이 지배적이다. 이 이론은 '최적 섭
이 이론optimal foraging theory'이라 부른다. 우리는 모두 머릿속에 '제때'
에 공격하는 포식자, 정확한 시기에 이주하는 초식동물, 조직화한 무
리 등의 이미지가 있다. 그러나 어떤 행동이 정교하게 최적화되었다
고 해서 그 행동이 불확실성을 배제하는 것은 아니다. 만약에 예측할
수 없는 경로로 움직이는 가젤이 예측할 수 있는 경로로 움직이는 가
젤보다 훨씬 오래 살아남을 수 있고, 결국 더 많은 새끼를 낳을 수 있
다면, '불확실한' 경로는 진화 과정에서 선택될 것이다. 그러므로 우연
성은 선택의 영향을 받을 수 있고, '최적화'와 '예측 불가능성' 사이의
모순은 명백할 수밖에 없다. 사실 불확실한 방식으로 행동하는 것이
예측할 수 있는 행동보다 덜 효과적이리라는 생각은 비합리적인 인지

I. 모든 상태에서의 진화

편향으로, 인간에게는 너무나 널리 퍼진 나머지 나름의 이름도 있다. 바로 '위험 회피'이다.

생물측정학자 알랭 파베Alain Pavé는 진화하는 동안 생물에 나타나고, 선택되는 우연성을 묘사하기 위해 일반적으로 '생물학적 룰렛'을 이야기한다. 가젤에게서 룰렛은 지그재그 달리기라는 행동을 만들어낼 뉴런의 복합체다! 그러므로 가젤은 포식자에게서 벗어나고자 예측할 수 없는 경로를 택하게 되는데, 이것이 동물에게서 특수한 사례는 아니다. 많은 수의 다른 종이 먹이를 구하려고 모험적으로 환경을 탐색하는데, 이것이 먹이를 어디에서 찾을지 정확히 모를 때 택할 수 있는 최고의 전략이기 때문이다. 예를 들어, 어리줄풀잠자리 Chrysoperla carnea의 애벌레는 자신의 식사가 될 진딧물을 찾아내려고 무턱대고 움직이며 나뭇잎을 탐색한다. 번식에도 우연성은 매우 자주 개입한다. 성게나 홍합과 같은 수많은 해양 동물은 물속에 다수의 정자를 그냥 배출한다. 물이 흐르면서 생기는 작은 변동이 이 정자들을 목적지로 데려갈 것이다. 아닐 수도 있고! 이것은 식물에서 더욱 보편적으로 일어나는 일이다. 식물은 공기 중에 자신의 '정자', 꽃씨를 퍼붓는다. 이 꽃씨들은 난자와 수정할 것이고, 그 결과 배아를 담은 씨앗을 만들어낼 것이다. 이 씨앗들 역시 공기 중으로 방출되어 환경의 변동에 따라 흩어진다. 약간 강력한 바람은 이들을 더욱 멀리 데려가서, 이들의 성장에 불리한 환경에서 실패하게 하거나(실패), 반대로 성장하기에 특혜를 받은 위치로 안내할 수도 있다(성공). 결국 생물은 생존하고, 먹고, 번식하고자 우연성을 이용한다.

　　　　　　　　　　　　　　3. 가젤은 주사위를 던진다

하지만 생존자에게서 우연성의 지위는 동물의 행동이나 식물의 흩뜨리기에만 국한되지 않고, 생물계와 생물 진화에서 수많은 층위에 걸쳐 막대한 책임을 다한다. 생태계의 층위(수 킬로미터)와 파리 눈의 층위(수 마이크로미터)라는 두 가지 극단적인 사례를 살펴보자.

아마존 유역의 열대우림에는 식물 다양성이 매우 풍부하다. 1만 6,000종에 이르는 나무가 자라고, 단 1헥타르 안에 상이한 300종의 식물이 있는데, 이들은 동일한 자원을 소비한다. 바로 태양, 무기염류, 물이다. 종의 분포를 이해하려는 일반적인 접근은 '생태적 지위 ecological niche' 접근이다. 매우 단순한 이 발상은 종들이 그 환경의 자원을 차지하고자 경쟁에 들어가서, 결국에는 각자가 전체 자원에서 어떤 자원에 특화되어 자신만의 거처를 차지하는데, 이때 다른 종들은 경쟁을 거치면서 배제된다고 설명한다. 하지만 이 설명은 상이한 자원은 거의 없고, 많은 종이 그 자원들을 동일한 방식으로 이용하는 열대우림의 사례에 오랫동안 막혀왔다. 2001년, 생태학자 스티븐 허벨Stephen Hubbell은 혁신적인 의견을 제안했다. 그것은 바로 열대림을 만들어낸 것은 종 사이의 경쟁뿐만이 아니라 우연성이기도 하다는 것이다. 허벨은 종들이 번식능력에서 큰 차이를 보이지 않고, 각자가 평균적으로 다른 종들만큼 작은 관목을 증식한다는 원칙에서 출발한다. 지엽적인 작은 차이점들은 우연성에서 기인한 것이고, 각 나무 사이의 등가성으로 수효가 매우 많은 종뿐만 아니라 완전히 예측할 수 없는 식물들의 분포도 설명할 수 있다는 것이다. 어떤 숲은 너무나 '뒤섞인' 나머지 같은 장소에서 동일한 종의 두 개체를 찾는 일이 매우

　　　　　　　　　　　　　　I. 모든 상태에서의 진화

드물다!

또 다른 예는 아주 작은 층위로 다음과 같다. 노랑초파리*Drosophila melanogaster*의 시력은 수많은 홑눈으로 구성된 겹눈으로 확보된다. 홑눈에는 따뜻한 색을 감지할 수 있는 홑눈과 차가운 색을 감지할 수 있는 홑눈, 두 종류가 있다. 파리는 이 홑눈들의 결합으로 색을 본다. 그렇다면 각각의 홑눈을 눈 위에 어떻게 효과적으로 섞어야 일정한 시각을 가질 수 있는 것일까? 간단하고 에너지 소비가 적은 방법은 바로 우연성을 이용하는 것이다! 큰 수의 법칙(관찰 또는 시행 횟수를 큰 수 이상으로 늘리면 일정한 확률에 가까워진다는 법칙—옮긴이) 덕분에, '따뜻한·차가운' 색을 감지하는 홑눈이 고르게 분포할 가능성이 매우 크다. 이는 홑눈의 수가 많을수록 더욱 그렇다. 초파리는 수백 개의 홑눈이 있으니, 이 방법은 효과가 좋다. 우연성이 일을 잘한다!

생태학과 진화는 그 자체로 확률에 근거한, 본질적으로 통계의 과학이다. 사실 이 규율의 큰 법칙들은 집단 내에서의 평균적인 변화를 추정할 수 있게 해줄 뿐이지, 확신에 차서 특별한 한 개체의 장래를 예견할 수는 없다.

예를 들어서, '가장 높이 뛰어오르는 캥거루가 선택된다'라는 말은 '캥거루 집단 내에서 평균 점프 높이는 여러 세대를 지나면서 높아졌다'라고 해석해야 한다. 하지만 이것이 매우 높이 뛰어오르는 특정 개체의 후손을 정확히 예측할 수 있도록 돕지는 않는다. 특정 캥거루가 새끼를 많이 낳을 것으로 기대할 수 있지만, 캥거루의 생애에는 예상치 못한 일이 자주 튀어나오므로, 확률의 형태로 표현하는 가정만을 할 수 있을 뿐이다. 예컨대 아주 높이 뛰어오르는 한 개체가 호주의 오지 깊은 곳에 고립된 아주 작은 규모의 캥거루 집단에 속한다고 상상해보자. 그리고 이제는 어떤 술에 취한 트럭 기사가 전속력으로 덤불 속으로 질주한다고 상상해보자. 트럭 기사는 마치 나인핀스볼링에서처럼 캥거루 집단 속으로 굴러가고, 우리의 높이뛰기 선수 캥거루는 안타깝게도 차에 치이고 만다. 그 캥거루가 높이 뛸 수 있게 해주었던, 겉보기에는 긍정적이었던 유전자는 우연의 장난으로 이 집단에서 그냥 사라진다. 우연의 장난은 이 캥거루 집단처럼 소규모 집단 안에서 중요한 역할을 수행할 수 있다. 우리는 이것을 '유전적 부동genetic drift'이라고 부른다. 선택과 부동은 종종 '진화의 힘'으로 취급되는데, 이들의 상대적 중요성은 정말로 집단의 크기가 좌우한다. 작은 규모의 집단은 우연성이 영향을 미치지만, 큰 수의 법칙에 의거하여 큰 규모의 집단은 우연성의 영향을 덜 받는다. 그렇다면 결국 '우연성'은 정확히 무엇을 의미할까?

여러 가지 정의가 존재하지만 가장 보편적으로 보이는 정의는 단순히 '우리가 예측할 수 없는 것의 총체'다. 예를 들어서, 다음 일련의 상황을 살펴보시라. 꽃 화분 하나가 보도 위로 떨어진다. 이 화분의 추락은 브라스밴드의 트럼펫 연주자가 잘못된 음을 연주하게 한다. 이 잘못된 음은 고양이 한 마리가 무서워서 뛰어오르게 한다. 그 고양이는 담배를 버리려는 한 흡연자에게 뛰어오르는 바람에, 담배가 거리를 지나던 화학제품을 실은 트럭의 조수석까지 날아간다. 그 담배는 트럭 내부에 화재를 일으켜서, 운전기사가 자제력을 잃는다. 이로 말미암아 이 화학제품을 실은 트럭과 화학 반응체를 가득 실은 유조차가 부딪치는 사고가 일어나서, 파리 시를 파괴하는 폭발을 일으킨다. 이 일련의 사건들은 예측할 수 없고, 이 사건들의 책임을 짓궂은 우연에 돌리는 게 상식일 것이다.

우리는 종종 우리가 세상의 모든 요소에 대한 정보를 얻을 수 있다면, 이 각각의 부분에 다가올 운명을 예측할 수 있으리라고 상상한다. 여기에서는 만약 우리가 꽃 화분의 불안정한 상태 그리고 트럼펫 연주자, 고양이, 흡연자, 트럭 두 대의 위치에 대한 정보를 알 수 있다면 능력 있는 분석가가 대재앙을 예견할 것이다. 이런 발상은 새로운 것이 아니다. 피에르시몽 드 라플라스Pierre-Simon de Laplace는 18세기에 다음과 같은 가정을 내세웠다. "어떤 정해진 순간에 자연을 살아 움직이게 하는 모든 힘과, 자연을 구성하는 존재 각자의 상황을 알 수 있는 통찰력이 있다면 같은 방법으로 우주에서 가장 큰 물질의 움직임과 가장 가벼운 원자의 움직임을 이해할 수 있을 것이다. 과거가 눈앞에 존재할 것이므로 모든 존재와 미래에 대해 불확실한 것은 아무것도 없을 것이다." 이렇게 자연을 바라보는 시각에서 우리가 우연성이라 부르는 것은 우리의 무지를 드러내는 척도일 뿐이다. 근본적으로 진짜 우연성(또는 '존재론적' 우연성)은 존재하지 않는다. 하지만 양자물리학에서 나온 다른 시각의 우연성이 존재한다.

가장 직관적이지 않은 현상은 양자 중첩quantum superposition 현상이다. 양자역학의 세계에서 어떤 입자는 전통적이고 유일하며 정확히 결정된 가치에 부합하지 않는 상태로 존재할 수 있다. 예컨대 어떤 물체는 빨간색도 아니고 파란색도 아닐 수 있는데, 다른 물질들과의 상호작용이 이 물질을 파란색이든 빨간색이든 정해진 색의 상태 안에 고정한다. 물리학자 슈뢰딩거Schrödinger는 상자 안에 갇힌 고양이 한 마리를 가정하여 이 양자 중첩을 설명했다. 상자 안에는 중첩 상태의 입자 하나와, 그 입자가 자신이 놓일 수 있는 두 가지 상태 중 특정한 한쪽 상태로 결정될 때 고양이에게 독을 방출하게 하는 자동제어가 존재한다. 상자가 닫혀 있는 한, 특정 값으로 이 입자를 결정하는 교란이나 관측은 없다. 상자는 중첩 상태에 머무르는 것이다. 이 동물은 그래서 '죽지도 살지도' 않았다. 관찰자가 상자를 여는 순간, 입자는 둘 중에서 한 상태를 '선택'하게 되고 독을 방출하거나 혹은 방출하지 않는다. 아주 작은 교란이라도 이 장치를 '선택' 쪽으로 움직이게 할 수 있으므로(이 움직임을 '결어긋남Decoherence'이라 부른다) 하나의 입자를, 특히 상온에서 중첩된 상태로 유지하게 하기는 매우 힘들다.

그러나 최근의 실험들은 양자 중첩 상태의 전자를 조작할 수 있는 여러 가지 해결책을 자연이 발견했을 수도 있다고 밝혔다! 식물의 광합성 과정에서 나타나는 예를 한번 보자. 광합성은 의심할 여지 없이 생물의 가장 중요한 생화학 과정으로 태양에너지를 생물계 안으로 주입하고 생물계에 의존하는 모든 먹이망, 즉 초식동물·포식자·기생충 등등에게 영양을 공급한다. 결국 모든 것은 광합성의 효율에 달렸다. 빛은 엽록소를 포함하는 '안테나'에 흡수된다. 이 안테나는 광자를 포착하여 광자의 에너지를 이용할 수 있는 곳, 바로 반응중심reaction center으로 데려간다. 최근에 연구자들은 안테나에 양자 중첩 상태의 광자를 붙잡아두는 능력이 있으며, 그 덕분에 광자가 반응중심으로 이어지는 다양한 길을 동시에 탐색해서 가장 짧은 길을 '선택하고' 에너지 효율을 극대화할 수 있다고 밝혔다.

다른 종들에서도 몇몇 기관이 양자 중첩 상태의 입자를 사용하는 것처럼 보인다. 새의 후각세포 또는 자기수용기관(자기장을 감지할 수 있는 기관—옮긴이)은 중첩 효과를 이용하는지도 모르는 요소로 진지하게 언급된다. 양자물리학은 예컨대 '터널효과'(양자 역학에서, 입자가 가지는 운동 에너지보다 높은 에너지 장벽을 어떤 확률을 가지고 빠져나가는 현상—옮긴이)를 통해, 다양성을 영구적으로 쇄신하는 과정인, DNA 내 돌연변이의 발생에서 기능할 수도 있다.

생태학에서 양자 효과에 이르기까지, 우연성이 생물학자들의 관심을 끄는 이유는 다양하다. 우연성은 진화의 과정에서 선택될 수 있고, 그 기원에 대한 철학 토론을 일으키며, 아마도 본래 불가사의하고 본질적으로 놀랍기 때문이다. 우연성이 현상을 설명하고 이해할 수 있게 하므로 연구자들은 점점 더 우연성을 자신들의 연구 중심에 놓으며, 더는 이를 단순한 '통계적 잡음'의 자리에 처박아두지 않는다. 요컨대, 인생은 도박이다!

4
얼룩말은 왜 줄무늬가 있을까?

살아 있는 세계에서 수많은 포유류의 털에 줄무늬나 두드러지는 얼룩이 보이는데, 이들의 기능은 아주 다양하다. 많은 동물이 이런 무늬를 위장에 이용한다. 표범과 치타의 사례가 그렇다. 다른 동물들은 잠재적인 포식자에게 "짜증 나게 하지 마, 나 기분 안 좋아"라고 경고하는 표시로 이용하기도 한다. 족제비, 라텔ratel 그리고 다른 족제빗과 동물들의 예가 그렇다. 어떤 과학자들은 기린에게 보이는 점들이 내부의 열을 효과적으로 없애주는 데 쓰이거나, 개체들이 서로 알아볼 수 있게 해준다고 가정하기도 했다.

이런 형태학적 특성은 과시적인데도, 어떤 종의 채색이 무엇에 쓰이는지 알아내기는 여전히 쉽지가 않다. 사바나얼룩말*Equus quagga*의 사례는 이 골칫거리를 아주 멋들어지게 보여준다. 사바나얼룩말은 머리에서부터 꼬리까지 놀라울 만큼 다채로운 모양과 두께, 색깔의 줄

I. 모든 상태에서의 진화

길들인 얼룩말과 장애물 넘기,
20세기 초, 동아프리카.

무늬를 보인다. 성장한 얼룩말의 줄무늬는 검은색이고, 망아지의 줄
무늬는 밝은 밤색이다! (짧은 이야기를 꺼내보자면, 말속屬의 조상들
은 줄무늬가 있었을 텐데, 이 특징이 가끔 집말에게서 다시 나타나는
듯했다. 두번째, 재미있는 여담으로 19세기 말에 약간 엉뚱한 어떤 영
국인 식민지 개척자들이 얼룩말을 가축으로 기르려고 시도했었다. 큰
성공은 거두지 못했지만, 그래도 얼룩말과 함께 장애물 넘기를 하거
나 자신의 마차를 끌게 했던 영국 귀족의 사진을 찾아볼 수 있다.)

　　주제로 돌아와보자. 왜 줄무늬일까? 곧바로 말하자면, 얼룩말
은 검은색 바탕에 흰색 줄무늬가 있다. 배아는 원래 완전히 검은색이
다가 흰색 줄이 나타난다. 이것은 검은색을 담당하는 단백질인 멜라

　　　　　　　　　　　　　　　　　　　　4. 얼룩말은 왜 줄무늬가 있을까?

민 생산이 억제된 결과다. 얼룩말은 이 때문에 줄무늬는 물론 일생 동안 각 개체마다 고유하게 나타나는 독특한 색채 유형이 뚜렷하게 드러난다. 또 다른 중대하고 새로운 사실은, 얼룩말의 무늬는 전혀 대칭이 아니라는 점이다. 오른쪽과 왼쪽의 무늬에는 아주 큰 차이가 있다! 이 줄무늬의 생물학적 기능은 좀 더 복잡하다. 2002년, 그레임 럭스턴 Graeme D. Ruxton은 이 독창적인 털 색깔의 기원을 설명하고자 진지하게 제시한 여덟 가지 이상의 다른 이론을 조사했다. 빠르게 하나씩 검토해보면서 생물학자들의 절망이 얼마나 큰지 이해해보자.

1. 무리의 줄무늬는 위장 '도색'이 된다. 얼룩말 무리의 움직임은 착시 현상처럼 작동하고, 포식자의 지각 작용에 혼란을 준다. 특히 얼룩말이 서로 마주할 때는 각 개체의 윤곽이 더욱 그렇다.

2. 줄무늬는 무성한 풀숲에서 위장을 대신한다.

3. 줄무늬는 밤에 효과적인 위장이다.

4. 목 부위에 있는 줄무늬는 무리의 다른 구성원들에게 털 손질을 받을 수 있게 해주는 식별 영역을 형성한다.

5. 줄무늬는 무리에 속한 개체들이 각각의 개체를 알아볼 수 있게 해준다.

6. 줄무늬는 포식자가 얼룩말을 뒤쫓아 달릴 때 이들을 정확하게 '겨냥'하는 작업을 어렵게 한다.

7. 줄무늬는 체체파리가 동물 위에 내려앉으려고 할 때 이들을 교란한다.

　　　　　　　　　　　　　I. 모든 상태에서의 진화

8. 줄무늬는 열 분산을 쉽게 해준다.

가장 자주 언급되는 마지막 네 가지에 관심을 기울여보자.

띠는 각 개체의 식별에 쓰인다

각각의 얼룩말은 고유한 무늬가 있으므로 이 발상은 논리적인 것처럼 보인다. 하지만 얼룩말과 동일한 사회조직을 형성하는 야생마를 살펴보면 서로서로 완벽하게 분간하는 데 이런 방법들을 늘어놓지 않는다. 에너지 낭비 없이 완수할 수 있는 이런 기능에 줄무늬가 쓰인다는 것은 전혀 있음 직해 보이지 않으니, 분명 이유는 다른 데 있다.

줄무늬 때문에 얼룩말의 움직임을
파악하기가 어려워진다

이 재미있는 가정은 사실 다른 여러 가지 가정을 포함한다. 예를 들어, 우리는 줄무늬가 있는 개체가 실제보다 훨씬 더 몸집이 커 보인다는 점을 관찰할 수 있다. 이 때문에 포식자는 정확히 언제 어디를 다시 발톱으로 할퀴며 공격해야 할지 정하기가 어려워진다. 또한 줄무늬는 줄무늬 주인이 움직이는 속력과 방향을 판단하는 포식자의 지각을 흐릿하게 한다. 이는 레이더가 발명되기 전, 적의 포병을 교란하고자 군함 위에 그린 래즐대즐Razzle Dazzle 위장과 정확하게 같은 이치

레이더 발명 이전, 대포 발사로부터 보호하고자 군함에 사용한
'래즐대즐' 위장 도색.

다. 게다가 2013년에는 매우 신뢰할 만한 연구자들이 고속 군용차량
에 줄무늬를 그릴 것을 제안했는데, 로켓포로 무장한 적군이 표적을
맞힐 확률을 줄여줄 수 있기 때문이다.

　이 가정을 자연에서 실험하지는 않았지만, 여러 연구에서 같은 의
견을 내세운다. 아주 최근의 모의실험에서는 움직이는 얼룩말의 줄무
늬가 두 가지 착시 현상을 일으킬 수 있고, 이 착시 현상에서는 감지한
움직임의 방향을 전도하는 효과가 있음이 밝혀졌다. 첫번째 착시는
스트로보스코프Stroboscope 효과로, 일반적으로 자동차의 바퀴처럼 회
전하는 물체에서 발견할 수 있다. 일정한 불빛 아래에서 움직이는 자
동차의 바퀴는 천천히 도는 듯한 느낌, 멈춘 듯한 느낌, 심지어는 반대
방향으로 도는 것 같은 느낌을 줄 수 있다. 두번째 착시는 '이발소 간
판' 효과다. 줄이 쳐진 기둥 형태인 이발사의 간판은 앵글로색슨 국가

　　　　　　　　　　　　　　　I. 모든 상태에서의 진화

얼룩말의 줄무늬 털은 포식자를 피하게 해주고,
'이발소 간판' 효과 덕분에 로켓포도 피할 수 있게 해준다.

의 이발소 입구에 놓여 있다. 이 기둥은 대개 회전한다. 그래서 이 기둥의 대각선 줄무늬들이 '위로 올라가는' 듯한 느낌을 준다. 2013년 한 논문의 저자들에 따르면, 얼룩말의 대각선 줄무늬가 이 두 가지 착시 효과를 만들어내고, 포식자의 지각 작용을 흐리게 하여, 포식자의 공격이 덜 정확하게 하고, 포식자가 먹이를 놓치게 한다!

줄무늬는 파리 방지 장치로 쓰인다

이 발상은 체체파리나 다른 끔찍한 날벌레가 종종 단색의 물체보다 줄무늬가 있는 물체 위에 덜 자주 앉는다는 관측에서 출발한다. 이

4. 얼룩말은 왜 줄무늬가 있을까?

발상은 흡혈 파리인 등에로 실험했다.

등에는 편광(전기장 벡터 또는 자기장 벡터의 방향이 일정한 방법으로 진동하는 빛—옮긴이)을 감지하는 시각을 보유하고 있다. 그 덕분에 물웅덩이를 정확하게 찾아낸다. 물에 반사된 빛 자체도 편광이다. 이는 편광 선글라스를 착용해보면 이해할 수 있다. 편광 선글라스는 수평 방향인 빛의 파장, 즉 바다나 젖은 도로 위에 반사되는 것은 거르고 표면 아래에 있는 것을 보거나 눈부심 없이 아스팔트를 감상할 수 있게 해준다. 등에는 이렇게 물의 위치를 찾아내어 거기에 알을 낳고 자신의 먹이, 바로 그곳으로 물을 마시러 오는 초식동물을 찾아낸다.

그러나 편광을 볼 수 있는 파리의 시야를 상대로 얼룩말의 줄무늬는 효과적인 위장을 만들어낸다. 검은색 줄과 흰색 줄은 빛을 각기 다른 강도와 방향으로 반사한다. 2013년, 한 실험에서 생물학자들은 실제로 파리가 단색 모형보다 줄무늬 얼룩말 모형에 덜 자주 온다는 것을 관찰했다. 실험 고안자들은 줄무늬가 이런 기능을 수행하는 것은 줄무늬가 적어도 일부는 이 기능을 위해 선택됐기 때문이라고 결론을 내렸다. 2014년, 또 다른 과학 발표가 이 가정을 공고히 했다. 실험 고안자들은 말과에 속하는 수많은 아종의 자연 지리 분포를 표시해보니, 등에가 자연적으로 존재하는 지역들이 줄무늬가 있는 말과 동물이 존재하는 지역들과 아주 잘 겹친다는 사실을 알아냈다. 다른 지표들도 이런 경향을 뒷받침한다. 예를 들어, 말의 배 위에 있는 줄무늬 수는 체체파리와 상관관계가 있다. 전적으로 지리적인 이 분석은 줄무늬가 얼룩말에게 해로운 파리의 압박 아래에서 진화했을 수도 있다

I. 모든 상태에서의 진화

얼룩말과의 서식지는 등에의 서식지와 매우 나란히 놓이고,
이는 이 줄무늬 털의 출현을 설명해줄 수 있는 논거다.

는 사실을 보여주려 한다.

줄무늬는 열을 발산하기 쉽게 해준다

2015년 초, 「어떻게 얼룩말은 줄무늬가 생기게 되었나: 답이 너무 많은 문제」라는 논문이 발표되었다. 이 논문은 1990년대의 가설 하나에 다시 관심을 기울이자고 제안한다. 얼룩말의 줄무늬는 사자를 피하거나 파리와 등에를 피하고자 쓰이는 것이 아니라 열을 피하려는 것이다. 논문 저자들은 환경의 모든 변수 중에서 체온이 줄무늬의 두께와 관련된 지리적 격차를 가장 잘 설명할 수 있는 변수라고 주장한다. 더운 지역에서는 줄무늬가 더욱 두껍고, 추운 지역에서는 줄무늬가 사라지는 경향이 있다. 극단적인 예시로 오늘날 멸종한 얼룩말의 아종인 콰가Quagga가 있다. 콰가는 몸 대부분에 줄무늬가 없고, 남아프리카공화국의 가장 서늘한 지역에서 살았다.

그러나 저자들은 줄무늬에 열을 피하게 하는 능력을 부여한 메커니즘에 대해서는 결정적인 답변을 내놓지 못했다. 그들은 두 가지 가설을 제안한다. 첫째, 직접적인 결정적 요소가 온도가 아니라 그로 말미암은 결과 중의 하나일 수도 있다. 예컨대 체체파리나 등에는 더운 지방에서 가장 많은 기생충을 운반한다. 그리고 줄무늬는 단지 온도의 프리즘을 통해 탐지할 수 있는, 기생충에 맞선 방어 수단일 수도 있다. 둘째, 어두운 줄무늬는 밝은 줄무늬보다 더 많이 뜨거워진다. 이 때문에 줄무늬 사이에서 약간의 공기 배출이 일어나서 이 동물을 시원하게 해줄 수 있다. 이런 발상은 믿기 힘들지만, 얼룩말은 같은 크기의 다른 초식동물보다 평균적으로 체온이 3℃ 낮다. 그래서 모든 문제는 결국 이 체온의 차이가 앞서 설명한 착색의 발현과 유지를 제대로 밝힐 수 있는 선택압인지를 알아내는 것이다.

현재의 지식 상태에서는 세 가지 주요한 설명 사이에서 결론을 내리기는 힘들다. 사실 이 주제를 가까이서 연구하는 생물학자들은 이 줄무늬의 존재를 설명할 수 있는 단 하나의 설득력 있는 가설은 현재로서는 존재하지 않는다고 한다. 다만 이 줄무늬가 개별적으로 분석하기 어려운 다양한 이유의 총합에 따른 것일 수 있다고 간주한다. 예컨대 효과적인 파리 방지 장치로 줄무늬가 생긴 후에 다른 이유, 즉 줄무늬가 만들어내는 착시 효과 때문에 일부가 보존된 것일 수도 있다.

이런 종류의 상황은 어떤 특징의, 여기에서는 줄무늬의 진화에 관한 역사를 이해하려는 생물학자의 작업을 어렵게 한다. 한번 가정해보자. 사실은 초기 얼룩말이 오늘날에는 더는 존재하지 않은 환경, 예컨대 바코드 숲에 숨도록 하고자 이 줄들이 나타났다. 갑작스러운 기후적 사건 이후 숲은 갑자기 사라졌지만, 얼룩말은 그사이 자신의 외양을 중심으로 그들의 사회 체계를 구축했다. 그러므로 조금이라도 이런 규정에서 벗어나는 개체는 번식하거나 자신의 '줄무늬 없는' 게놈을 물려주는 데 많은 어려움이 생길 것이다. 줄을 피하게 하는 선택압이 약한 것은 줄무늬가 이 무늬의 주인을 불리하게 하지 않기 때문이다(때때로 사자나 등에가 방향을 잃게 하는 데 도움이 된다). 따라서 이런 특징이 애초의 기능이 아닌 다른 기능을 위해 보존되었다고 생각할 수 있다. 이때 생물학자는 진정한 도전에 맞닥뜨린다. 이 적응 현상의 원래 이유를 알아내고, 있을 법하지 않은 바코드 숲의 흔적을 찾아내기!

얼룩말 줄무늬의 기능에 관한 연구는 끝나지 않은 과학 탐험이자 진화생물학 연구자들에게 주어진 흥미진진한 일상적인 도전의 본보기다. 해결됐다고 생각한 오랜 문제들의 답을 찾아내고, 실험과 컴퓨터 시뮬레이션을 통해 진화 시나리오를 작성하고, 예기치 못한 것들을 발견하면서 한 걸음 한 걸음 진보하는 것이다. 파리, 열…… 또는 로켓포를 피하려는 줄무늬의 용도처럼!

II
동물의 행동

———

동물은 살아남고자 독특하고 복잡한 행동을 발달시켰다.
이런 행동은 때로 이상해 보일 수 있지만,
진화와 관련해서는 (거의) 정당하다.
사바나에는 독특한 행동의 전형이 가득하다!

5
파이프오르간을 연주하는
흰개미의 미스터리

모든 사람이 아프리카흰개미집이 어떻게 생겼는지는 막연하게만 생각한다. 사바나의 무성한 풀숲에 솟아오른 원뿔형 돔(사진 10)이 바로 사람들이 떠올리는 아프리카흰개미집이다. 한번 올라가보자! 가끔은 그 위에 나무도 있는데, 안 될 것도 없지 않겠나. 아, 맞다. 종종 치타가 그 위에 와서 잠을 자기도 한다. 그리고 흰개미들은 이 커다란 흙 더미 안에서 산다. 그렇다, 그게 전부다. 독자들은 내게 이렇게 말할 것이다. "일개 곤충이 이런 엄청난 크기의 진흙 더미를 만들었네요. 좋아요, 그럼 이제 사자에 대해 말해주겠어요? 게다가, 그게 사실이라도 걔들은 자기들 언덕에 와이파이가 되는 것도 아니잖아요. 어휴, 원시적인 곤충!" 하지만 친애하는 독자님, 이런 말을 해도 될지 모르겠지만, 당신은 뭘 모른다. 뭘 몰라도 한참 모른다. 왜냐하면, 사랑하는 소중한 독자님, 흰개미집은 다름 아닌 건축의 걸작이기 때문이다. 이

5. 파이프오르간을 연주하는 흰개미의 미스터리

제 안내자와 함께하는 여행을 시작한다.

먼저, 한 가지 명확히 해야 할 중요한 사실이 있다. 흰개미termite는 남성 명사(프랑스어에서는 명사를 남성형과 여성형으로 구분한다—옮긴이)다. 하지만 실제로는 흰개미도 다른 개미들처럼 대부분 성별이 없다. 그다음으로 비율을 따져보자. 흰개미의 크기는 대부분 1센티미터도 안 되지만, 어떤 흰개미집은 높이가 9미터까지 달한다. 물론 평균적으로는 2~3미터 정도다. 그래도 흰개미의 거주지는 흰개미보다 500배 이상 크다. 이는 마치 우리가 높이 1킬로미터짜리 건물에 사는 것이나 마찬가지다! 인류의 가장 높은 건축물인 부르즈할리파Burj Khalifa의 높이가 아마 830미터일 것이다.

흰개미의 주요 건축 도구는? 자신의 턱이다! 기본 건축용 자재는? 흙, 배설물(그렇다, 그다지 매력적이지는 않다), 침(그렇다, 게다가 그들은 그걸 씹기까지 한다)의 혼합물이다. 건조된 층들에 도포된 이 콘크리트는 돌처럼 단단해진다.

이들이 건축하는 돔에는 셀 수 없이 많은 통로가 있다. 우리는 이 통로들에 석고를 마음껏 가득 채운 다음 평온하게 관찰하면 된다. 이것을 '엔도캐스팅endocasting' 기법이라고 한다. 주요 통로에 석고를 붓고(그 과정에서 모든 것을 다 죽이면서), 석고가 마르길 기다린 다음, 침착하게 남은 것을 긁어낸다. 그러면 방과 터널 들로 만들어진 복잡한 구조물인 흰개미집 내부를 주조한 최종 결과물이 탄생한다.

두번째 발견, 한 군락의 흰개미 수백만 마리는 땅바닥에서 떨어져 있는 이 돔 안에서 살지 않는다. 이들은 지표면 아래에 있는 방들에서

II. 동물의 행동

시간을 보내는데, 그곳에 살면서 버섯 농사를 짓고 먹이를 저장한다. 이곳이 '굴'이다.

흰개미 5킬로그램과 버섯 40킬로그램으로 구성된 이 군집은 염소 크기 정도의 동물만큼 호흡한다! 그러므로 호흡으로 발생하는 열기와 이산화탄소를 배출하고, 상쾌한 공기의 산소로 교체해야 한다. 그럼 이때 돔은 무엇에 쓰일까? 돔은 굴뚝 구실을 하는, 열과 비활성 산소의 조절기다. 그렇다, 흰개미는 생물기상학적인 집을 2억 년 전에 발명해냈다!

흰개미집은 건축가나 복합적 신경계의 개입조차 없는 자연적인 공기 조절 장치다. 단지 익명의 수십만 개체가 반드시 참여해야 할 뿐이다. 어떻게 작동할까? 사람들은 오랫동안 (사실 1960년대부터) 마치 약간은 페르시아의 바람탑처럼, 바람이 안으로 들어와 흰개미집을 시원하게 하도록, 다공질 돔을 흰개미들이 건축한다고 생각했다. 발상은 다음과 같았다. 외부와 흰개미집 깊은 곳을 연결하는 모든 통로를 통해 바람이 지면의 돔을 통과한다면, 아래에서 오는 더운 공기를 빨아들이는 저기압이 형성된다. 바로 이로 말미암아 잘 '빠지는' 굴뚝이 만들어지는 것이다. 이 모델에서 흰개미집은 대류로 시원해지는데, 우리가 집 안에서 창문들을 열었을 때 일어나는 것과 유사한 현상이다.

게다가 이 현상은 진짜로 효과가 있다. 짐바브웨의 한 건물은 이 원리에 기초해 건축했는데, 실제로 에너지를 90퍼센트 덜 소비해서 연간 70만 달러의 냉방 비용을 절약한다. 하지만 이 원리가 인간의 건

5. 파이프오르간을 연주하는 흰개미의 미스터리

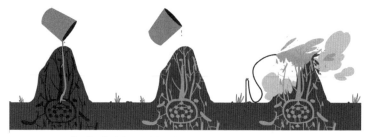

'엔도캐스팅' 기법은 흰개미집 내부의 통로를 석고로 주조하는 것이다.

물을 시원하게 하는 데 효과가 좋다고 해서 흰개미집이 이런 식으로 기능하는 것은 아니다!

흰개미집은 두 부분으로 나뉜 하나의 구조물이다. 한쪽은 드러나 있는 돔으로, 여기에는 수많은 커다란 통로가 있어 바람이 쉽게 들어갈 수 있다. 다른 쪽은 모두가 생활하는 굴이다. 흰개미들이 사는 굴의 안은 통로가 매우 좁고(지름이 몇 밀리미터 정도), 작은 구멍이 많은 그뤼예르산 치즈를 닮은 작은 방들이 촘촘한 망으로 연결되어 있다. 매우 촘촘한 이 '스펀지' 안에는 공기가 대량으로 순환할 수 없다. 그러니까 흰개미집의 굴이 숨을 쉬고 많은 양의 공기가 흐름에 따라 시원해진다는 것은 적어도 일부분은 사실이 아니다! 돔 안에서는 분명 공기가 순환하지만, 그 공기가 굴까지 다다르는 것처럼 보이지는 않는다. 유사한 사례로 이해를 돕자면, 폐가 가장 비슷하다. 폐 안에서는 우리가 들이마신 공기가 세 단계를 거쳐 통과한다. 입구에서 공기는 집단적으로 빠르게 이동하여 기관에 들어간다. 벌집 구멍처럼 돼 있는 폐의 말단에서는 기체의 순환이 이제 집단 이동이 아니라 확산으로 이루어진다. 많은 양의 공기가 이동하기에는 관들이 너무 얇기 때문이다. 그렇다면 중간은? 아주 복잡한 추진력으로, 공기는 기관(대류 순환)과 벌집 구멍(확산)에서 일어나는 작용이 혼합된 양상을 보인다.

이런 특수한 운동 방식이 서로 다른 두 계통 사이를 소통할 수 있게 한다. 흰개미집 안에서도 마찬가지다. 흰개미집 깊은 곳에 있는 '그뤼예르산 치즈' 또는 '스펀지' 안에서 공기는 확산하여 순환하지만, 지나는 길이 좀 더 넓은 돔 안에서는 공기가 집단 이동으로 순환한다. 그리고 중간에서는 과도적 운동 방식이 군림한다! 흰개미집에서 굴의 공기를 재생할 수 있게 하는 것은 결국 경계를 이루는 그 유명한 과도적 운동 방식이다. 그 기능은 여전히 연구 대상이지만, 두 가지 중요한 실마리는 탐색이 이루어졌다.

첫번째 착상은 흰개미집 위로 부는 바람이 그래도 돔의 공기 기둥 안에서 '굴뚝 효과' 흡입을 일으킨다는 것이다. 앞에서 봤듯이, 이것만으로는 굴의 공기를 재생하기에 충분하지 않다. 그래서 두 개의 층을 좀 섞을 수 있는 정도로 상부의 공기 덩어리에 진동을 유발해서 결국 굴을 약간 식힌다. '진자공기Pendelluft'라고 명명된 메커니즘이다.

나머지 가설은 음악적이다. 방금 살펴본 것처럼 흰개미집의 윗뿔은 파이프오르간처럼 많은 관으로 이루어졌다. 외부의 바람이 굴뚝 안으로 불어 들어올 때 바람은 아주 낮은 주파수, 초저주파 음으로 이 관 중 일부를 진동하게 한다. 집에서 직접 해볼 수 있는 실험이다. 병 안에 연기를 가둬놓으면 된다. 시간이 어느 정도 지나면, 연기가 병의

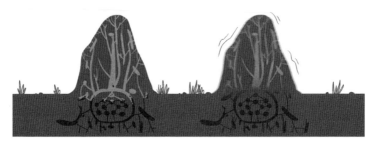

흰개미집의 호흡을 설명하는 두 가지 메커니즘이 존재한다. '진자공기'와 음파 믹싱.

바닥으로 내려간다. 낮은 주파수의 진동을 병에다 주면, 두 개의 층이 아주 격렬하게 섞일 것이다! '음파 믹싱'이라 부르는 이 현상은 굴뚝과 굴의 공기층들이 섞일 수 있도록 하는 데 충분할 것이다.

　매력적인 결론: 흰개미는 호흡하고자 파이프오르간을 사용한다. 이 두 가지 현상이 너무나 효과적인 나머지 사람들은 매우 깊은 곳에 있는 탄광의 환기를 개선하고자 이 두 현상을 연구하기도 했다.

　따라서 우리에게는 흰개미가 훌륭한 건축가라는 멋진 증거가 있다. 하지만 그들은 훌륭한 엔지니어일 뿐만 아니라 훌륭한 농부이기도 하다. 그들은 주름버섯과의 버섯을 (말 그대로) 재배하는데, 미리 씹은 식물 잔여물로 버섯을 키운다. 이는 흰개미의 소화계통이 감당하기에 너무 단단한 셀룰로오스 소화의 까다로운 단계들을 완성하는 역할을 맡게 된다. 또한 흰개미는 공생관계인 버섯이 제공해주는 당분을 소비한다.

이들의 재능은 여기에서 그치지 않는다. 흰개미는 사바나의 핵심 종(생태계에서 생태 군집을 유지하는 데 큰 영향을 미치는 생물 종—옮긴이)이다. 왜냐하면 이들의 흰개미집이 토지의 형성을 촉진하고, 주변 나무 열매의 크기와 수를 증대하며, 근처에 사는 곤충의 번식력을 향상해 주고, 위성에서도 보일 정도로 자기 주변의 1차 생산량을 보편적으로 증폭하기 때문이다!

6
임팔라의 파도타기

풀을 뜯는 영양, 이 모습이 당신이 살면서 봐왔던 것 중에서 가장 장대한 장면은 분명 아닐 것이다. 그러나 이 솟과 동물이 반복적으로 하는 행동 뒤에는 진화의 경이와 집단행동이 숨어 있다. 이 집단행동은 찌르레기 떼, 공연 후의 박수, 물고기 떼의 사냥, 반짝거리는 반딧불이들 또는 외곽순환도로의 교통체증과 같은 수많은 다른 신기한 현상과 메커니즘이 같다!

　영양은 보기와는 다르게 (심하게) 어리석지는 않다. 다시 말해서, 이들은 생존의 가능성을 극대화하려고 자신의 행동을 적응시키고자 시도한다. 이들이 택한 첫번째 전략은 바로 결집이다. 무리를 지어 살면 잡아먹힐 확률이 주위에 있는 친구의 수만큼 분할된다. 이것이 위기의 '희석' 효과다. 만약에 내게 열 명의 이웃이 있다면, 다음번 사자의 공격에서 표적이 될 확률이 내가 혼자 있을 때보다 열 배 낮다. 무

　　　　　　　　　　　　　　II. 동물의 행동

리 생활의 또 다른 주요 이점은 눈의 개수 증가다. 주변에 식사를 할 준비를 한 포식자가 없는지 감시할 개체가 더 많아서 기습 공격을 감지할 확률이 더 높다. 각자의 생존을 위한 공동의 경계인 셈이다. 보통은 이 두 가지 효과가 무리 생활 이점의 큰 부분을 증명해준다. 옆에서 먹이를 먹는 친구의 수가 배가 될 때마다 잡아먹힐 위험이 반으로 분할되는 것이다.

하지만 영양들이 좀 더 영리하다면 수고를 조금이라도 줄이도록 조직화할 수도 있었을 것이다. "네가 지켜보는 동안 나는 먹을게. 그리고 10분마다 역할을 바꾸자. 알겠지?" 한 개체만 경계하고 있으면 나머지가 모두 평화롭게 먹이를 먹을 만할 것이다. 그러나 영양은 진정 순진한 양이다. 이들은 집단의 이익을 위해 보초 개체 한 마리를 지명하는 대신, 이웃 모방이라는 전략을 사용한다. '만약 내 이웃이 주변을 살피려고 고개를 들면 나도 호출되어 고개를 들고, 혹시 이웃이 뭔가 중요한 것을 못 보지는 않았는지 확인한다. 이웃이 고개를 숙이면, 그가 안심했고 우선은 위험이 없다는 뜻이다. 그러면 나도 다시 먹는 일로 돌아갈 수 있다.' 각각의 개체는 먹이를 먹으려는 욕구와 이웃의 행동을 모방하려는 욕망 사이에서 고민한다. 이 단순한 '점진적' 모방은 무리 안에서 퍼지는 진정한 경계의 파도를 촉발한다. 이는 경기장에서 득점 후 나타나는 파도타기와 완전히 똑같다. 집단 경계의 파도가 발생하는 수많은 사례 중 하나다. 이런 상황에서 무리 차원의 복합적인 행동은 실상 아주 단순한 규칙(여기에서는 모방)에 따라 일어나고, 지엽적인 차원에서 수차례 반복된다(여기에서는 이웃에서 이

경계심은 샘터에 있는 개체들 사이에서 점진적으로 전달될 수 있다.

웃으로).

어떻게 이러한 행동이 개인 차원에서 선택될 수 있을까? 사실 진화에서 중요한 일은 가장 빨리 뛰는 것이 아닌, 자신의 이웃보다 빨리 뛰는 것이라는 점을 기억해야 한다. 실제로 포식자는 이미 경계 태세를 갖춘 개체보다는 경계하지 않는 개체를 잡는 일이 더 많다. 만일 당신이 경계하지 않은 이들에게 둘러싸여 경계하고 있는 개체라면, 그들이 당신보다 먼저 잡아먹힐 것이다! 다시 말하면, 공격이 임박했음을 마지막으로 깨닫는 것이 가장 좋지 않은 상황이다. 그러므로 늦는 것을 피하기 위한 좋은 방법은 이웃이 경계하는 순간 바로 이웃을 모방하는 것이다. 단순한 규칙에서 나온 복합적인 이런 현상은 '자기조직화Self-organization'로 평가된다. 그러므로 각 개체에 동기를 부여하는 단순한 규칙들을 이해하면, 무리 안에서 나타나는 복합적인 최종 결과를 해석할 수 있다.

II. 동물의 행동

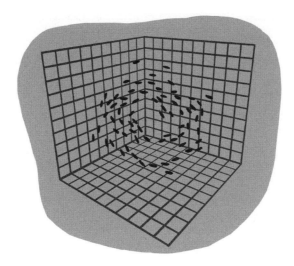

물고기 떼 컴퓨터 시뮬레이션은 이 무리의 기저를 이루는 규칙을 보여준다.

다른 유명한 사례는 물고기 떼다. 물고기는 성별과 나이가 아주 다양한 5,000마리의 개체가 무리를 지을 수 있다. 그러나 그들은 매우 통일되고 동시화된 무리를 이룬다. 그러므로 우리는 그것이 마치 나름의 신경계가 있는 하나의 초유기체라고 생각할 수도 있을 것이다. 물고기 떼에서 이들의 규칙은 영양의 경계심보다 더욱더 복잡하다. 비록 3차원으로 움직임을 동시화하는 문제이긴 하지만 말이다!

아주 잘 조직된 물고기 떼를 얻는 비법은 단순하다. 세 가지 재료만 포함되면 된다. 첫째로, 짧은 거리에서 밀어내는 행동이다. 만약 내 이웃이 내게 너무 가깝게 있으면, 내가 조금 물러난다. 아니, 그렇게 난 쉬운 생선이 아니야! 둘째로, 먼 거리에서 잡아당기는 힘이다.

6. 임팔라의 파도타기

새들의 결집은 농담이 아니다.
레이더가 탐지한 이 새들의 '은하수' 지름은 240킬로미터에 달한다!

내가 무리에서 너무 떨어져 있으면, 내가 무리에 다가간다. 나 혼자 고립되어서는 안 되고, 포식자에게 먹혀서도 안 된다. 이 두 가지 행동은 물고기 떼 전체가 결집하려면 꼭 있어야 한다. 그리고 세번째로, 나는 내 이웃을 모방한다. 이웃과 같은 방향으로 간다. 바로 이 개체들 사이의 동조 모방이 모든 물고기가 갑작스럽게 방향을 바꿀 수 있도록 해준다. 그것은 매우 빠르게 이루어질 수도 있다. 모방은 각 개체의 반사 속도로, 무리를 통하여 확산한다.

　이 복잡한 현상을 단순한 작은 규칙들로 설명할 수 있다는 것을 입증하고자, 연구자들은 이 세 가지 규칙으로 구성된 알고리즘에 따라 움직이는 가상의 물고기 떼 시뮬레이션을 만들었다. 가상의 물고기 떼는 정말로 가상의 포식자가 가하는 공격에 재빠르게 반응할 수

II. 동물의 행동

있는 동일한 군집을 형성했다! 연구자들은 아주 단순한 세 가지 규칙으로 이루어진 이 모델로 물고기 떼에서 찌르레기 떼, 인간 군중에 이르기까지 무리의 행동에 관한 많은 현상을 설명할 수 있었다.

이 모델은, 예를 들어 경기장에서 화재가 발생해서 대피하는 응원단처럼, 공포에 사로잡힌 군중이 어떻게 움직이는지 더욱 잘 이해할 수 있게 해준다. 사실 이런 상황에서 사람들은 개인적으로 아주 단순한 법칙들에 따라 대응한다. 다른 사람들을 피한다, 벽을 피한다, 가능한 한 빨리 도피한다. 연구자들은 시뮬레이션 덕분에, 예를 들어 출구 쪽이 막히는 최악의 현상을 피하면서도, 공포에 사로잡힌 응원단을 더욱 잘 대피하게 하는 성능이 좋은 장치를 제안할 수 있었다.

인간과 관련한 현상을 얘기해보면, 사람들이 자기의 만족감을 집단으로 표현하고 싶어할 때 매우 자주 나타나는 태도가 하나 있다. 사람들은 열광적이고 리드미컬한 방식으로 자신의 손뼉을 마주친다(수화를 하는 청각장애인은 제외). 이 태도의 목표는 될 수 있으면 큰 소리를 내어 공연에서 느낀 자신의 감상을 드러내 보이고, 될 수 있으면 자주 (가장 높은 빈도로) 손뼉을 치는 것이다. 하지만 한편으로는 관객 전체가 리드미컬하게 두드리는 소리는 도취 효과가 있는 집단적 현상을 일으키므로, 우리도 다른 사람이 모두 그러하듯이 두드리기를 좋아하게 되는 것이다. 여기에서 우리는 두 가지 단순한 규칙을 마주한다. 이 규칙들은 우리가 흔히 콘서트에서 들을 수 있는 동기화 소멸(조직화하지 않은 소란)·동기화(모든 사람이 동시에 손뼉 치기) 주기를 되풀이하게 해준다. 개인들은 각자 소리를 많이 내고자 자주 손뼉을 치고 싶은 욕구와 자기의 동족에게 동기화하고자 박수갈채의 빈도를 줄여야 할 필요성 사이에서 고민한다. 그래서 경쟁 관계에 있는 두 가지 방식의 박수가 존재하고, 이웃에서 이웃으로 동기화가 작동해 콘서트홀 규모만 한 박수갈채 파도를 몰고 온다. 기억하시라. 영양 역시 먹이 먹기 또는 경계하기라는 서로 배타적인 두 가지 행동을 하고, 이들 역시 점진적으로 서로 모방한다. 메커니즘이 같은 것처럼 보인다! 우리가 영양인 것일까?

몇몇 보편성을 뽑아내보자. 우리는 집단의 복합적인 표현이 개인의 복합성에서 기인한 것이 아니라는 사실을 확인했다. 찌르레기 떼처럼 눈길을 끄는 현상을 세 가지 단순한 규칙으로도 얻을 수 있기 때문이다. 이런 표현은 오히려 단순한 규칙들이 점진적으로 반복되는 것에서 기인한다. 사실 어떤 체계라도 아주 잘 연결된 다수의 구성 요소로 이루어졌다면, 이런 종류의 역동성을 보여줄 수 있는 것처럼 보인다. 국소의 상호작용 전체가 사전 계획 없이 하나의 체계를 조직하는, 이런 종류의 현상이 나타나는 과정을 '자기 조직화'라고 부른다.

이런 집단적인 표현이 드러나려면, 두 가지 조건이 결합해야 한다. 첫번째 조건은 넘어서야 할 한계의 존재로, 예컨대 서로 상호작용을 많이 하는 수많은 개인이 있어야 한다. 실제로 임계 크기에 부딪히면 집단행동이 일어나지 않는 것처럼 보인다. 단 한 사람만 더 있으면 콘서트홀에 우레와 같은 박수갈채가 쏟아질 수 있을 때, 바로 이것을 끌어내는 것이 사전 진행자의 임무다. 한 곡이 흥행 실패로 끝나지 않도록 임계질량을 만들어내는 것이다. 물고기 떼에게 한계는 공간적이다. 척력의 둘레가 존재해 그 안에서는 한 개체가 자신의 이웃에게서 멀어지고, 인력의 둘레도 존재해 그 밖에서는 둘레 이상에서는 한 개체가 동족에게 다가간다. 그다음으로는 선순환 또는 악순환이 이어져야 한다. 좀 더 일반적으로는 피드백 루프feedback loop라고 부른다. 양성 피드백('더 많을수록, 더 많이 한다')은 자기 조직화 현상의 부상에 필수적이다. 예를 들어서, 내 주위에 경계하는 영양이 더 많을수록, 나역시도 더욱 경계하게 된다. 일정한 방향으로 줄지어 선 이웃 물고기가 더 많을수록, 그 무리의 더 많은 물고기가 빠르게 그 방향으로 줄지어 서게 된다. 박수갈채를 보내는 사람이 많을수록, 더 많은 개인이 손뼉을 치게 된다. 한계 효과와 결합한 아주 단순한 이 역학은 경계심 파도의 형성을 우아한 방식으로 설명해준다. 경계하는 이웃의 수가 충분할 때, 거기에 응답하여 나 역시도 모방하고 경계한다. 경계하는 이웃의 수가 일정한 한계선 이하로 줄어들면, 나는 안심하고 먹이 먹기로 돌아간다. 그리고 이 메커니즘이 이웃에서 이웃으로 확산할 때 아주 갑작스럽게 확 경계심을 품게 되는데, 이런 현상은 참여하는 개체의 수만큼 가속화하기 때문이다. 물론 이 엄청난 현상이 발생하려면 또 다른 사전 조건을 갖춰야 한다. 개체들이 맹목적으로 모방해야 한다. 달리 말하면, 이들에게 각자 너무 다른 동기가 있어서는 안 된다.

자기 조직화한 집단행동의 비결을 요약해보자. 첫째, 수많은 개체들이 맹목적으로 또는 동일한 동기 때문에 서로 모방한다. 둘째, 단순한 규칙들의 합이 가까이에 있는 동족에 대응하는 이들의 행동을 결정한다. 그리고 마지막으로, 피드백 루프가 작동하는 한계를 결정하는 한계선이 있다. 따라서 일반적인 개념은 겉보기에는 복잡한 행동들이 수많은 단순한 상호작용의 결과라는 것이다. 겉으로는 복잡해 보이는 몇몇 인간의 행동이 작고 단순한 몇몇 규칙으로, 예를 들어 아주 거대한 두뇌가 있어야만 하는 것은 아닌 규칙들로도 설명할 수 있다는 것과 마찬가지다.

집단행동을 만들어내기란 매우 간단하다. 특히 개체들이 서로 특별히 구분되지 않을 때는 더욱 그러하다. 이런 집단행동은 너무나 단순해서 어디에나 있다! 다음의 짧은 목록을 잘 생각해보자. 도로에서의 교통 체증, 금융 체계에서 투기꾼들의 집단적인 모방에 따른 주가의 대폭락, 섬광을 발산하며 서로 동기화하는 반딧불이들 그리고 당연히, 생태계 요소의 동기화 또는 다음 장에서 이야기할 '재앙을 일으키는 전이'다.

7
코끼리의 독재, 물소의 민주주의

우리는 이전 장에서 복합적인 집단행동을 만들어내려면 아주 조금이라도 조건을 만족하게 해주면 된다는 사실을 확인했다. 여러 규칙과 결정의 한계선을 충족함에 따라 동기를 유발하고, 반복적인 방식으로 서로서로 모방하는 수많은 개체가 결집하게 하는 것이다. 그런데 물론 이 개체들이 서로 너무 다르지 않아야 하고, 다른 개체들을 따르는 것이 중대한 이익에서 분쟁을 일으켜서는 안 된다. 그렇지 않으면 이 개체들은 자기들끼리 효과적으로 동기화하는 데 어려움을 겪게 될 것이다.

그런데도 질문이 제기된다. 한 무리의 개체들에게 서로 아주 다른 이해관계나 분분한 의견 들이 생겼을 때, 이들을 어떻게 그것을 일치하게 할까? 두 가지 극단적인 답이 존재한다. 하나는 단 하나의 개체가 다른 모든 개체를 위해 결정을 내리는 전제군주제다. 다른 하나는 '공정하게 공유된 합의', 즉 각각의 개체가 동등하게 최종 결정에 참여하는 민주주의다. 각각의 이점을 이해하려면 약간의 이론이 필요하다. 하지만 약속한다. 진짜 복잡하지 않다. 우선 당신이 타이태닉 2호의 승객이라고 가정하자. 어느 밤, 선장은 어려운 결정을 내려야 한다. 빙산 왼쪽으로 돌아가느냐, 아니면 오른쪽으로 돌아가느냐. 물론 선장은 항해술에 능하지만, 열광적인 통계학자이자 신념에 찬 민주주의자라서, 당신을 포함한 101명의 승객을 소집하기로 마음먹고, 당신들에게 다음의 두 가지 해결책 중 하나에 투표해달라고 요구한다. 키를 왼쪽으로 돌리거나, 오른쪽으로 돌리거나. 투표가 끝나면, 더 문제를 제기하지 않고 선장은 다수결에 따른 선택을 맹목적으로 실행에 옮길 것이다. 물론 각 승객은 개인적으로는 이런 결정을 내리기에는 실력이 없어서, 이를테면 잘못 판단할 위험이 40퍼센트다. 다시 말해, 각 승객은 결과가 '틀릴 확률이 정확하게 50퍼센트'인 동전 던지기로 자신의 답을 정하는 것보다 겨우 조금 더 낫다는 말이다. 선장은 당신에게 술에 취한 눈길을 던지고, 당신은 어떤 선택을 내릴지 고심한다. 사람들을 모방할 권리도 없다. 비밀 투표다! 끔찍한 순간이다. 배가 빙산에 부딪혀 부서질 것이고, 모든 게 당신 탓이 될 게 분명하다. 당신이 누적된 오류, 즉 당신이 비참한 존재가 된 이후의 일을 생각하는 동안 선장은 당신에게 당신이 불안해하는 이유는 바로 당신이 통계에 무능하기 때문이라고 설명한다. 당신은 그게 무슨 관계가 있는지 잘 이해하지 못하고, 지금은 오히려 수영이 문제라고 생각한다. 선장이 당신에게 설명한다. "각각의 승객이 틀릴 확률이 40퍼센트라는 것은

II. 동물의 행동

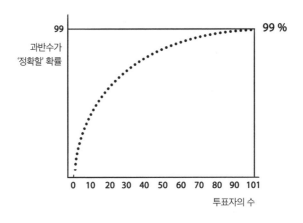

99 %

투표에 참여하는 승객 101명의 수로,
'과반수(51명)가 정확할 확률' 99퍼센트를 얻을 수 있다.

맞을 확률이 60퍼센트라는 얘기도 됩니다. 이때 다른 쪽보다 한쪽 면
으로 나올 확률이 조금 더(10퍼센트) 큰 동전을 101번 던질 때와 같은
일이 일어나는 것이죠. 결국 우리의 제비뽑기가 '왼쪽' 또는 '오른쪽'이
라고 말하는 횟수는 사실 이항분포 법칙에 따라 표시됩니다. 여러 차
례의 동전 던지기 결과를 예측하는 법칙과 같은 법칙입니다! 단순히
이항분포식을 적용하면 그만입니다. 그 결과, 101표의 과반수(51표)
는 100번 중의 99번은 정확할 것입니다."

　각각의 개인이 좋은 선택을 할 확률이 '오직' 60퍼센트라고 해도,
의견을 누적한 과반수의 표가 정확할 확률이 100 중의 99라는 뜻을
내포한다. 결국 당신은 투표하고, 과반수의 선택은 옳고, 당신은 가까
스로 빙산을 피한다. 그리고 특히, 특히, 셀린 디옹Céline Dion의 노래

69

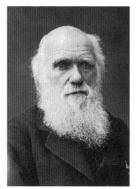

찰스 다윈과 그의 사촌 프랜시스 골턴.
털 분포의 차이에 유의하시라.

와 함께 자막이 올라간다. 안도감. 많은 연구자가 어떤 조건들 아래에
서는 개인이 모인 집합이 단 한 명의 사람보다 더욱 정확하다는 것을
역사의 흐름 속에서 발견해왔다. 그중에서 아리스토텔레스("다수가
최고의 재판관이다", 『정치학*Politika*』)가 대표적이다. 또 저 앞에서 설
명한 분석을 제시한 콩도르세Condorcet 후작도 있고, 다윈의 사촌인 프
랜시스 골턴Francis Galton도 있다.

짧게 이야기해보자면, 골턴은 재능 있는 박식가에 탐험가이자 양
적 유전학에서 기상학에 이르는 주제들을 연구한 천재적인 통계학자
다. 또 침낭을 대중화한 것으로 유명하고(좋다), 우생학을 창시했다
(덜 좋다). 이 매혹적인 인물은 그의 사상이 나치의 이념을 보충했던
탓에 종종 다윈의 불행한 분신으로 언급된다. 찰스 다윈은 성경의 이
야기에 반하여 과학적 증거를 제시해주며 살아 있는 인간을 자기 자

리로 되돌아오게 해주는 '해방'의 과학인 진화생물학의 아버지로 준신격화하지만, 골턴은 문제가 있는 이념을 정당화하고자 자신의 지식을 이용하는 나쁜 과학자로 보는 것이 두 사촌 간의 이러한 대비를 더욱 가중한다. 내 생각에 이것은 오히려 겉모습에 관한 이야기다. 다윈은 산타 할아버지 같은 수염을 기른 반면 골턴은 누구에게도 어울리지 않는 보기 흉한 구레나룻이 나있었다. 아무도 골턴을 좋아하지 않았다는 사실이 놀랍지는 않다.

불확실한 개인들로 이루어졌는데도 집단이 확실한 해답을 찾을 수 있다는, 이 놀라운 능력 이야기로 돌아와보자. 프랜시스 골턴은 농업 축제에서 종종 하던 한 게임의 결과를 연구하면서 1907년에 이 사실을 처음으로 알게 됐다. 바로 '내 소의 무게를 맞혀봐 맞히면 그 소를 가지고 갈 수 있어' 게임이다. 골턴은 800명의 참가자 중 누구도 동물의 진짜 무게 543.30킬로그램에 근접하지 못했다는 사실을 깨달았다. 개개인으로서 농부들은 정말 형편없었다. 그러나 골턴은 이들의 추정값 평균이 실제 소의 무게와 단 450그램 차이인 542.95킬로그램이라는 것을 확인한다. 순수하게 통계상으로 기이한, 집단의 정확성이다! 정확히 100년 후인 2007년, 스콧 페이지Scott E. Page는 군중을 구성하는 개인의 다양성이 최종적인 정확성에 필수적이라는 것을 보여주는 논문을 발표했다. 페이지의 정리에 따르면 이렇다.

집단적 오류 = 개별 오류 평균 - 예측의 다양성

물소들의 투표는 몸의 위치를 원하는 방향에 놓는 방법으로 이루어진다.

집단적 오류를 줄이려면 각 개인의 오류를 줄이거나, 이 개인들의 다양성을 늘려야 한다(이 책 말미에 예시, 146~148쪽). 이 모든 수학은 멋지다. 그런데 실제로도 동물이 민주적으로 투표할까? 그들은 어떻게 투표할까?

동물에게서 투표는 거수 투표다. 투표는 정해진 자세, 특별한 몸짓이나 소리로 이루어진다. 여기에는 새로운 군집을 선택하고자 투표하는 위치의 방향이나 거리를 가리키면서 춤추는 벌이나, 새로운 터전으로 출발하는 물소 무리가 해당한다. 후자의 사례에서 이 종은, 암컷이 자신의 선호도를 표현하고 싶을 때, 노골적으로 머리를 들면서 일어나서 자신의 몸을 자기가 가고 싶어하는 장소의 방향에 위치하게 하고 다시 눕는다. 여러 암컷이 자신이 선호하는 방향에 '투표하면',

II. 동물의 행동

그 무리는 개인별 투표의 평균 방향으로 걸어가는데, 이때 평균을 낸 각도(투표자들의 평균에서 3도까지의 편차)는 정확도가 아주 높다. 민주주의의 아름다운 본보기다. 선택한 방향이 한 가지 이상 존재한다면, 무리는 두 개로 나뉜다.

사실 과반수(붉은사슴, 고릴라), 표결(물소), 한계선이나 '정족수'(벌) 등 투표로 의사를 결정하는 온갖 방법이 존재한다. 집단적인 결정을 뒷받침하는 이론에서는 합의가 가장 효과적인 방법의 하나라고 가정한다. 합의는 '집단의 지혜'를 통해 최종 선택의 정확성을 극대화하고 극단적인 선택을 최소화한다. 이론적으로 한 무리는 전제군주가 보유한 정보와 다른 이들에게 있는 정보 사이에 아주 큰 편차가 존재할 때만 전제군주를 받아들여야 한다. 바로 이 상황에서만 '대장을 따른다'가 가장 유리한 선택 사항이 되어서 결국 진화에 선택되는 것이다.

다만 실제로는 많은 종이 기꺼이 전제군주제를 선택한다. 사실 무리의 지혜를 예언하는 이론적인 모델이 작동하려면 엄청나게 많은 조건을 포함해야 한다. 바로 이것이 이 방법의 약점이다. 첫번째 조건은 가장 충족하기 어렵다. 군중의 지혜가 작동하고, 앞서 이야기한 타이태닉 2호 이야기에서 본 것처럼 확률이 '누적되려면', 각각의 개체가 정신적 자주성을 가지고 자신의 선택을 수행해야 한다. 만약 사람들이 서로 이야기해서 설득할 수 있다면, 의견의 독립은 끝이다. 콩도르세 후작이 예측한 고결한 통계적 효과를 방해하는 의견들의 집합체가 형성될 수도 있다. 하지만 동물계에서는 개체들이 서로 강력하게 모

7. 코끼리의 독재, 물소의 민주주의

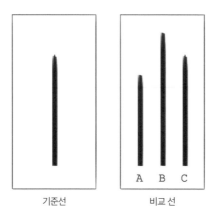

기준선　　　　　비교 선

아시의 사회순응주의 실험

방하는 상황이 수없이 존재한다. 예를 들어, 사회가 인간의 결정에 얼마나 많은 영향을 끼치는지 우리는 안다!

1950년대, 솔로몬 아시Solomon Asch는 이를 증명하려고 실험을 진행했다. 아시는 시각에 관한 연구라고 말하며 학생들에게 위의 그림을 보여주고는 오른쪽 그림의 세 가지 선 중에서 왼쪽 그림에 있는 선을 찾으라고 했다. 학생들이 혼자 있었을 때 (그리고 그들의 눈이 제 기능을 했을 때), 그중 99퍼센트가 정확하게 오른쪽선 C라고 대답했다. 그러나 아시는 사회적 압박의 무게에 관심을 두고 '공모자' 학생들과 함께, 실험 대상 학생에게는 이 학생들의 임무를 숨긴 채 다시 실험했다. 실험 대상 학생은 자신이 다른 정상적인 학생들 가운데서 시각 테스트를 하는 것으로 알아야 했다.

배우들과 모르모트는 한 탁자에 둘러앉았다. 공모자들이 차례로

　　　　　　　　　　　　II. 동물의 행동

자신의 답을 소리 높여 내놓는다. 아시는 배우들에게 일관성 있게 잘 못된 답을 내놓으라고 요구했다. 모르모트가 그 모든 다른 배우 학생들의 의견을 들은 뒤 거의 마지막으로 자신의 답을 내놓을 차례였다. 결과는 아주 명확했다. 실험 대상 중 4분의 3이 적어도 한 번은 외부의 영향을 받아, 잘못된 대답이라는 것을 알면서도 다른 참가자들과 같은 답변을 내놓았다.

전제군주제의 극단적인 예는 바로 아프리카코끼리다. 코끼리는 암컷과 수컷이 따로 산다. 생활을 지배하는 암컷, 즉 가장(사진 6)이 암컷과 새끼의 무리를 이끈다. 또한 가장은 일반적으로는 무리에서 가장 나이가 많은 암컷이다. 이들 후피 동물이 자연에서 60~70년을 살수 있다는 것을 고려하면, 가장은 아주 경험이 많은 개체로 사바나의 함정들(포식자, 기근, 가뭄)을 가로질러 자신의 무리를 최고로 잘 통솔할 수 있다. 실제로 확성기로 다양한 나이의 가장들이 이끄는 코끼리의 무리들을 향해 사자의 울음소리를 내보낸 뒤, 연구자들은 가장이 나이가 많을수록 그 무리가 빠르고 정확하게 포식 시뮬레이션에 대응하는 것을 알게 됐다. 가장이 나이 든 암컷이면 수컷 사자의 울음소리와 암컷 사자의 울음소리를 구분할 수 있다. 그래서 나이가 많은 가장은 수컷 사자의 울음소리일 때는 경계를 더 높였는데, 젊은 암컷 코끼리는 반드시 그렇지는 않았다.

그러므로 모든 원인이 다 밝혀졌다. 여기에서 전제군주제가 진화한 것은 몇몇 개인이 다른 개체들보다 훨씬 더 많은 경험을 쌓을 시간이 있었기 때문이다. 우리는 전제군주와 다른 이들 사이의 엄청난 정보 불균형을 발견할 수 있다. 요컨대 프랜시스 베이컨Francis Bacon이 말했듯이, "아는 것이 힘이다".

그러나 코끼리의 사례는 특별하다. 이렇게 경험이 축적되려면 수명이 길고 (코끼리처럼) 기억력이 좋아야 한다. 그런데 이것만으로 이런 굉장한 위계질서가 출현하는 모든 종에 대해 설명하기에는 부족하다. 따라서 다른 가설들이 존재한다.

그 가설 중 하나는 생리적 욕구가 가장 큰 개체가 우두머리가 된다고 제안한다. 얼룩말은 새끼를 밴 암컷이 무리를 샘터로 이끌고 가는데, 그 암컷이 제일 자주 물을 마셔야 하기 때문이다. 다른 개체들은 좋든 싫든 간에 따르는데, 무리의 응집력을 보존하는 것이 그들에게 이익이라서 그리한다. 또 다른 고전적인 발상은 우두머리가 가장 크고, 가장 무겁고, 가장 공격적인 성격을 띠는 개체라는 것이다. 그들은 자신의 신체적인 조건을 암컷에게 접근하려는 수컷들의 경쟁에서 인정받을 수 있다. 따라서 번식을 독점할 수 있으며(개코원숭이, 얼룩말), 갈등을 해결하는 사회관계망의 중심에 자리할 수 있고(침팬지), 결국 무리의 전체적인 결집을 개선할 수 있다. 이런 상황에서 '피지배' 개체들은 서열 관계로 발생하는 불가피한 실수에 고통을 받지만, 종종 포식과 같은 삶의 위험에 맞서는 중대한 요소인 결집을 얻을 수 있다. 요컨대 힘의 불균형은 정확성과 무리의 응집력 사이를 중재하는 해결책이다.

정리해보자. 전적으로 통계적 효과로 다음의 결과가 나온다. 각각의 개체는 어떤 행동을 취해야 할지 그저 막연하게 생각할 따름이

II. 동물의 행동

지만, 독립적이고 다양한 이들 개체로 이루어진 무리는 정확한 해결책을 제공할 수 있다. 이런 수학적인 기제는 왜 민주주의가 '작동하는지' 설명해준다. 우리는 자연에서 이와 같은 수많은 사례를 관찰할 수 있다(물소). 그러나 서열화가 이루어진 사회도 많이 있다. 이런 사회는 어떤 개체가 다른 개체들보다 정말로 더 풍부한 경험을 쌓았을 때(코끼리), 무리의 분쟁을 해결할 능력이 있을 때(침팬지) 또는 가장 많은 욕구를 느낄 때(얼룩말) 정착할 수 있다. 그래도 신중해지자. 동물종의 모든 전제군주 체제가 이렇게 쉽게 설명되지는 않는다. 동물의 사회조직은 행동생태학에서 아주 활발하게 연구하는 주제다. 언젠가 우리가 더욱 효과적인 정치체제를 고안하는 데 이것이 도움이 되기를 기대해보자!

8
성, 조종 그리고 영양

다른 사람들이 당신의 쾌락을 위해 행동하도록 그들을 조종한다, 더 많은 번식 기회를 얻고자 반대 성별을 조종한다…… 드라마 〈댈러스Dallas〉의 한 에피소드처럼 보이겠지만, 여기는 사바나다. 케냐의 영양인 토피영양Topi 수컷은 자유에 몰두하는 암컷을 설득해 자신만의 암컷으로 얌전히 지내게 한다. 더 좋은 점은, 떠나려고 하는 이들의 넘치는 가출 벽을 막을 뿐만 아니라, 이 기회를 이용해 교미까지 한다는 사실이다. 이 조그만 사기꾼들은 어떻게 행동하는 것일까?

쩨 단순하다. 암컷이 수컷의 영역을 떠나기 시작할 때, 수컷은 보통 풀숲에 숨은 포식자의 존재를 알리려고 사용하는 경고 울음소리를 낸다. 수컷은 훌륭한 배우고, 연기에 설득력이 있다. 수컷은 암컷이 향하는 방향에서 고정한 시선, 쫑긋 세운 귀, 뛰어오를 준비가 된 근육으로 경계 태세를 취한다. 신호는 명백하다. "절대 그쪽으로는 가지

토피영양 수컷은 자유를 맛보려는 암컷을 돌아오게 하려고 경고 울음소리를 낸다.

마, 잡아먹힐 거야! 이리 돌아와, 여기 과자가 있어!" 몹시 불안해진 암
컷은 재빨리 무리 안으로 돌아오고, 수컷은 그 암컷과 교미하려고 열
번 중에 한 번은 이런 기회를 이용한다. 물론 그 암컷을 안심시키려는
것이다.

토피영양 수컷은 암컷이 발정기가 아닐 때, 다시 말해서 암컷이
생리적으로 새끼를 낳을 준비가 되지 않았을 때는 이런 수고를 들이
지 않는다는 사실을 알아야 한다. 수컷들끼리 성 경쟁이 치열한 종에
서 짝짓기 빈도 그리고 새끼의 수 늘리기를 목표로 조종을 시도한다.
자기 목적을 이루고자 가짜 신호를 보내는 것(요컨대, 거짓말하기)은
영양과 인간에게만 국한되지는 않는다. 박새, 침팬지 그리고 다람쥐
역시 자신의 경쟁자들에게 겁주고, 먹이든 성적 동반자든 생명에 필
수적인 자원을 차지하게 해주는 가짜 경고 울음소리를 내는 것으로
알려졌다.

8. 성, 조종 그리고 영양

III
이상한 짐승

———

사회에서 빛나려면 생물학적으로 놀라운 한두 가지 현상을
항상 지니는 것이 기본이다.
공포, 시적인 정취, 익살 그리고 박진감!
여기에서, 당신이 미래의 원맨쇼에 성공하는 데 쓰일 모든 재료를 찾아보시라.

9
쇠똥구리는 은하수를 따라 걷는다

앞으로 곧게 나아가고, 제자리를 맴도는 것을 피하려면 방향의 기준이 되는 정점定點이 유용할 수도 있다. 이런 정점으로 삼기에는 하늘에 있는 물체가 확실히 실용적인데, 멀리 떨어져 있어서 우리가 많이 움직여도 그 물체에 대한 우리의 위치는 별로 바뀌지 않기 때문이다. 그래서 하늘에 있는 물체들은 바다 항해가 시작됐을 때부터 선원들이 의지해온 안정적인 지표였다.

태양을 이용하는 항해? 쉽다. 별들을 이용하는 여행? 좀 더 복잡하다. 몇몇 종만이 별들을 이용해서 여행하는 능력이 있다고 알려졌다. 잔점박이물범, 검은머리꾀꼬리, 유럽알락딱새 그리고 당연히 인간이 그렇다. 은하수를 하늘 위의 지표로 이용한다? 현재는 단 하나의 종만이 진짜로 그 방법을 아는 것으로 보인다. 바로 쇠똥구리다.

이 곤충은 코끼리의 배설물에 포함된 것들로 영양을 섭취한다.

쇠똥구리는 길을 안내하는 별들이 있으면 곧은 경로로 움직인다.
지표가 없으면, 이들은 눈을 가리고 걷는 인간처럼 당황한다.
실험에서는 보지 못하게 하려고 각각의 쇠똥구리 머리 위에 작은 가리개를 놓았다.

그들은 배설물을 조각으로 자르고, 공 모양으로 만든 뒤 자신들의 땅 굴까지 수 미터를 밀고 간다. 어떤 쇠똥구리 종들은 밤에 더욱 활동적이다. 그들은 달이 뜨지 않는 밤에도 제자리를 맴돌지 않게 해줄 방향 체계를 발전시켰다. 2013년, 스웨덴과 남아프리카공화국의 연구자들이 사바나 현장에서 재미있는 실험을 했다. 그들은 밤에 풍뎅잇과 벌레 몇 마리의 머리 위에 작은 가리개를 놓았다. 그 뒤 이 눈먼 쇠똥구리들과 가리개가 없는 다른 쇠똥구리들의 경로를 비교했다. 결과는 분명했다. 가리개가 없는 쇠똥구리들은 자신의 목적지를 향해 똑바로 잘 걸었지만, 시야가 막힌 이들은 방향을 잃고 원을 그리며 그들의 공을 밀었다.

그다음, 연구자들은…… 플라네타륨planetarium(반구형의 천장에 설치된 화면에 달, 태양, 항성, 행성 따위의 천체를 투영하는 장치—옮긴이)에서 실험을 확인했다! 그들은 별이 있고 없는, 은하수가 있고 없는 하늘을 시뮬레이션할 수 있었다. 요컨대 쇠똥구리가 달이 없는 밤에 사바나를 성큼성큼 걸어갈 때 어떤 광원을 기준으로 삼는지 규명하려고 서로 다른 다양한 상황을 시험하면서 약간 즐긴 것이다. 플라네타륨에서의 결과는 땅에서와 일치했다. 쇠똥구리는 안내자가 은하수밖에 없을 때도 곧은 경로를 유지할 수 있었다.

인간도 지표가 없을 때는 원을 그리며 걷는다는 사실을 알아야 한다! 2009년, 한 실험에서 자원자들에게 눈을 가린 채 직선으로 걸을 것을 요구했다. 그 결과, 모두 일직선으로 걷는다고 생각했지만, 어떤 참가자들은 멋진 원들을 그리고 말았다. 그래도 원의 지름은 (20미터 이하로!) 작았다. 다른 이들은 예측할 수 없는 길을 따르며 방황했다. 또한 실험 기획자들은 눈을 가리지 않아도 달이 없는 밤에는 참가자들이 빙빙 돌았다는 사실을 밝혔다. 이는 모든 인간은 별에 의지하여 방향을 찾는 데는 쇠똥구리에 비길 수 없다는 것을 잘 보여준다.

10
코끼리의 지진

"사람들은 너무나 외롭고 버림받았다고 느낀 나머지 든든한 무언가가 반드시 있어야 합니다. 진정 지탱할 수 있게 해주는 것 말입니다. 개는 이제 구식이고, 인간에게는 코끼리가 필요합니다."

로맹 가리Romain Gary, 『하늘의 뿌리*Les Racines du ciel*』, 1956

코끼리. 로맹 가리의 『하늘의 뿌리』를 읽었든 읽지 않았든, 이 단어는 사바나의 무성한 풀숲에서 무거운 몸을 옮기는 거대하고 거의 신화적인 동물을 떠올리게 한다. 매우 독특한 외형은 그를 둔중하고 정겹고 위엄 있어 보이게 한다. 우스꽝스러움의 경계에 있는 코와 원통형 다리 그리고 입방체 모양의 몸을 보고 사람들이 웃을 수도 있겠지만, 그건 박자에 맞춘 위풍당당한 걸음걸이와 인상적인 상아 그리고 경의를 불러일으키는 이들의 보편적인 자세는 잊은 것이다. 게다가 코끼리는 자신을 처음으로 만난 인간들을 일반적으로 침묵하게 한다. 거대한 회색 몸통과 5톤에 이르는 근육을 마주하면 우리는 목소리를 낮출 수밖에 없다.

진정한 신화가 피륙처럼 이 후피 동물을 둘러싸고 있다. 코끼리는 기억력이 엄청 좋고, 매우 현명하며, 죽음을 애통해서 묘지에 죽은 동물들을 모아두며, 생쥐를 무서워한다는 말들이 있다. 종종 그렇듯 이 신화들 속에서 진실은 거짓과 섞이고(아니다, 코끼리는 설치류에 공포심을 느끼지 않는다. 또한 죽은 코끼리들을 묘지에 모아두지 않는다), 가장 흥미로운 일들은 안타깝게도 완전히 침묵 속에서 지나친다. 이렇게 제대로 알려지지 않은 사실 중에 도시 전설이 될 만한 자격이 있는 몇 가지를 살펴보자.

이 이야기는 캐런 매콤Karen McComb이라는 이름과 함께 시작해야 한다. 서식스대학교의 이 영국인 여성 연구자는 1993년부터 케냐의 암보셀리국립공원Amboseli National Park에서 코끼리의 인지와 소통을 연구하고 있다. 매콤의 작업 덕분에 암컷 코끼리 가장들의 나이에 따른 능력(7장)과 또 다른 한 가지를 발견했다. 코끼리가 자신이 사는 지역에서 자주 만나는 사람들의 종족을 구분해낸다는 것이다. 이전 연구들에서는 코끼리가 캄바Kamba족 사람들의 냄새와 옷 색깔보다 마사이Masai족 사람들의 냄새와 옷 색깔에 더 난폭하고 부정적으로 반응한다는 사실을 밝혀냈다. 현장에서 진행된 한 실험에서 매콤은 확성기를 숨겨놓고 마사이족과 캄바족이 연달아 말한 한 문장, "봐, 저기를 봐, 코끼리 한 무리가 온다"라는 오디오 녹음을 코끼리 무리의 방향으로 틀게 했다. 당연히 후피 동물들이 이 단어들을 그 뜻 그대로 이해하지는 못했다. 그래도 연구자들은 화자의 종족에 따라 확연히 달라지는 반응을 관찰했다. 마사이족은 가축을 기르므로 코끼리와 꾸준히 갈등을 빚고, 가끔은 코끼리를 쫓아내기도 한다. 캄바족은 농부들이라서 코끼리와 어떤 갈등도 특별히 일으키지 않는다. 이 실험에서 코끼리는 마사이족이 그 문장을 발화했을 때 난폭한 반응을 보였다. 이것은 코끼리가 이 두 가지의 방언을 구분할 수 있고, 마사이족을 잠재적인 위험 요소와 동류로 여긴다는 증거다. 이들은 포식자가 존재할 가능성이 있을 때 나타나는 일상적인 반응을 보였다. 즉, 개체들이 방어 태세가 된 무리로 결집하고, 코로 격렬하게 주위를 쿵쿵거리거나(포식자에 대한 정보 탐색), 아니면 그냥 단순히 확성기 반대 방향으로 도망갔다.

사실 장비목(코끼리와 그의 사촌들)은 대개 우리 인류의 행위로 말미암아 많은 고통을 겪었다. 사냥과 서식지 파괴의 결과로 20세기에만 아프리카코끼리가 500만에서 50만 개체 이하로 떨어졌다. 세계자연기금WWF, World Wide Fund for Nature은 1980년대에 매해 10만 마리의 아프리카코끼리가 다양한 이유(상아, 고기)로 죽어갔다고 추산한다. 그러나 이러한 분쟁은 현대에만 국한하는 것이 아니다. 우리의 먼 조상도 장비목을 과도하게 사냥했다. 최근 고고학 연구들에서는 북아메리카 초기 인간 거주자들의 흔적을 곰포티어Gomphothere(코끼리와 유사한, 지금은 멸종된 동물—옮긴이)의 유골과 연관 지을 수 있다고 한다. 곰포티어의 분포는 북아메리카에서 남아메리카에까지 이른다. 이들의 두개골은 파리의 국립 자연사박물관Muséum national d'histoire naturelle에서 찾아볼 수 있다. '클로비스Clovis' 문화를 꽃피운 문제의 아메리카 원주민은 그보다 1만 5000년 전에 이미 코끼리 사냥꾼이었다. 사실 이런 경향은 전 세계적 규모로 더욱 긴 기간에 걸쳐 발견된다. 유럽, 아프리카, 아시아 그리고 아메리카의 가장 넓은 부분까지 널리 분포하였던 코끼리는 78만 년 전부터 사람속Homo genus의 구성원들이 이들 지역에 정착하자마자 매번 사라졌다. 인간(호모사피엔스Homo sapiens)도 물론 가담하고, 호모에렉투스Homo erectus와 네안데르탈인(호모네안데르탈렌시스Homo neanderthalensis)도 가담했다. 코끼리는 사냥으로 자신이 멸종할 만큼 인간 구성원이 아주 많지는 않았던 피신처에서만 살아남을 수 있었다. 그러므로 이들은 인간을 잠재적인 위험과 동류로 여길 만한 충분한 이유가 있는 것이다.

암보셀리국립공원의 코끼리 얘기로 돌아와보자. 매콤은 코끼리가 남성과 여성을 구분해내는지 알아보고 싶었다. 이론적으로 코끼리는 자신을 절대 공격하지 않는 여성의 존재가 아니라, 사냥하는 남자의 존재에게 반응을 보여야 한다. 매콤이 관찰한 바로도 그랬다. 코끼리가 수컷 인간과 암컷 인간을 어떻게 판별하는지를 알아보는 문제가 남았다. 연구자들은 여성이 남성보다 목소리가 더 고음이므로 코끼리가 소리의 높낮이를 이용한다는 가설을 실험했다. 그들은 남성과 여성의 목소리가 같은 높이가 되도록 음성 표본을 변경해서 다시 실험했다. 결과는 과학자들을 놀라게 했다. 목소리의 높이를 조정했는데도 코끼리는 여전히 남성의 목소리와 여성의 목소리를 구분하고, 남

10. 코끼리의 지진

성의 목소리에는 부정적으로 반응했다. 코끼리는 우리가 사용하는 것보다 훨씬 더 섬세하게 청각 정보를 이용하고, 우리는 구분할 수 없는 상황에서도 남성과 여성을 구분해내는 것으로 보였다.

게다가 매콤의 케냐 국립공원 연구는 코끼리의 삶에서 잘 알려지지 않은 또 다른 사실을 발견하는 데 이바지했다. 코끼리는 매우 풍성하고 복합적인 소리가 있는 환경에서 산다는 사실이다. 그들은 특별히 시력이 뛰어나지는 않지만, 후각이 예민하고 청각이 아주 정확하다. 매콤 팀의 연구자들은 예컨대 암보셀리의 코끼리가 개별적으로 평균 열네 개의 가족 무리, 약 100여 마리의 개체에 해당하는 음성 호출을 알아듣는다고 추정했다. 또한 그들은 코끼리가 죽은 옛날 가족 구성원의 음성 호출에 반응한다는 것을 감동적인 일화와 함께 보여주었다. "23개월 전에 죽은 한 암컷의 목소리 일부도 자기 가족 조직의 구성원들을 결집하게 하는 반응을 끌어냈다. 이들 가족 구성원은 확성기로 다가가서 확성기 방향으로 반복적인 음성 호출을 발산했다." 사실 지난 몇 년은 코끼리의 청각 세계를 이해하는 데 결실이 있었던 해였다. 일례로 '코끼리 목소리Elephant Voices 프로젝트'에서는 이 동물이 만들어낸 다양한 소리의 데이터베이스를 구축했다. 거기에서 으르렁거리는 소리, 코를 훌쩍이는 소리, 짖는 소리, 나팔 소리, 포효, 함성, 고함 등 10여 가지의 발성을 발견할 수 있다. 코끼리의 음향 감지 범위는 사람의 귀가 들을 수 있는 4옥타브 이상으로까지 늘어난다. 정확도도 아주 높은데, 코끼리는 우리 귀에는 들리지 않는 초저주파음으로도 소통하기 때문이다.

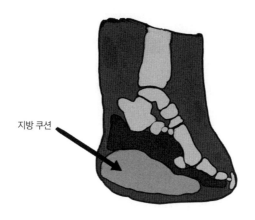

지방 쿠션

코끼리 발바닥에 있는 지방 쿠션이 지진 신호를 수용하기 쉽게 하는 것으로 보인다.

코끼리가 10~40헤르츠 사이의 낮은음으로 으르렁거리는 소리를 낼 때, 소리의 일부는 공기 중으로 전달되지만 다른 일부는 지진 신호를 형성하며 땅으로 전달된다. 코끼리는 자기들끼리 신호를 주고받도록 이 지진 파동을 수신하거나 보내는 능력이 있다. 땅바닥은 소통하기에 아주 좋은 환경인데, (공기에 비해) 상대적으로 다른 생물들이 거의 사용하지 않아서 잡음이 적기 때문이다. 게다가 땅이 공기보다 밀도가 높으므로 진동은 땅속 아주 멀리까지 퍼질 수 있다. 예를 들어, 75킬로그램의 남성이 도약할 때 발생한 충격은 1킬로미터 떨어진 곳에서 기록되고, 3톤짜리 코끼리의 걸음은 36킬로미터 이상을 뚫고 지나갈 수 있다! 코끼리는 땅을 이용해 앞발로 이 으르렁거리는 소리를 내고 듣는다. 코끼리의 발바닥에는 공 모양의 지방들이 있어서 지진 신호를 탐지하기 쉽게 하고, 이 신호의 질을 개선하는 데 쓰인다.

코끼리는 먼 거리에 있는 다른 무리에게 지진 신호를 전달한다.

각각의 공은 지진의 진동에 흔들리는 일종의 추錘로, 가능한 한 많은 신호를 포착할 수 있도록 코끼리의 감도를 개선하는 장치다.

송신된 진동은 이후 다리뼈, 어깨뼈 그리고 가운데귀까지 전달된다. 우리가 공기를 통해 듣듯이 코끼리는 땅을 통해 듣는다. 그들은 자기 가족이 보내는 경고인 으르렁대는 소리를 알아들을 수 있고, 지진 파동의 기원을 식별할 수 있으며, 재빨리 방어 태세를 취할 수 있다. 사바나를 관통하는 진정한 지진 연결망이 있는 것이다!

코끼리는 10여 년 전부터 몇몇 연구자의 주의 깊은 조사 아래 조금씩 풀리고 있는 수수께끼다. 우리는 코끼리에 대해 사회관계망의 복합성, 표현 방식의 다양성, 인식 능력의 풍부함을 훑고 지나간 것뿐이다. 미래에 이 신화적인 후피 동물에 관한 놀라운 발견들이 이루어지리라는 점을 장담할 수 있다. 로맹 가리는 자기를 옹호하는 모렐 Morel이라는 인물을 통해 정확하게 보았다.

"거대한 후피 동물까지 포용할 수 있을 만큼 크고 너그러운 인간적인 여지를 옹호하는 것이야말로 진정한 문명이라 할 수 있다."

III. 이상한 짐승

11
라텔, 대량 살상 무기

경고. 이 글은 객관적이지 않다. 나는 라텔과 사랑에 빠졌다. 왜냐하면 라텔은 생물계에서 가장 놀랍고, 가장 난폭하며, 가장 나쁜 놈이기 때문이다. 라텔은 씹지 않고, 물어뜯는다. 라텔은 울지 않고, 강력한 소리를 내뱉어 적수의 고막과 고환 주머니를 터뜨린다. 사람들은 라텔이 자신감 없는 이들을 낫게 해줄 수 있다고 말한다. 원기와 정력을 되찾으려면 라텔에게 눈길만 주면 된다.

라텔은 복수를 즐기는 족제빗과 동물로, 다른 포식자들은 라텔이 단 한 번밖에 용서하지 않는다는 걸 알기에 그분이 계실 때는 제 자리를 지킬 줄 안다. 공공복지를 위해 그리고 교육적인 배려로, 모두가 라텔 한 마리씩을 반려동물로 길러야 한다. 물론 라텔과 함께 있으면 반려동물이 되는 것은 사람이겠지만 말이다. 가압 파이프들이 테스토스테론을 맹렬하게 내뿜는 기계처럼 이 작은 짐승은 따귀를 마구 갈

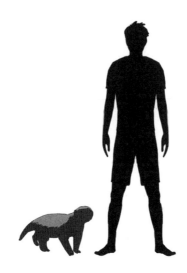

라텔의 평균 길이는 70센티미터다.
70센티미터의 순수한 난폭, 증오 그리고 테스토스테론.

기고, 적의 점막에 크게(310밀리미터짜리) 발길질을 하며 공포가 퍼지게 한다. 신사 숙녀 여러분, 아이들을 재우고, 라텔을…… 맞이하시라!

라텔(라틴어로는 멜리보라카펜시스*Mellivora capensis*, 영어로는 문자 그대로 '벌꿀 오소리'라는 뜻의 허니배저honey badger)은, 오소리나 수달과 같이, 작은 몸집의 족제빗과로 아프리카와 인도 사이에 사는데 인상이 좋지 않다. 가장 큰 수컷이 (꼬리까지 계산했을 때) 길이가 최고 1미터에, 무게가 최대 15킬로그램이다. 이는 푸들보다 좀 더 큰 정도다. 그러니까 사바나의 진정한 네메시스Nemesis(그리스 신화에 나오는 복수의 여신—옮긴이)에게서 기대할 수 있는 것처럼 다른 동물들을 공포에 떨게 하고, 약탈하고, 찌르고, 무한대로 학살하기에는 확실히 부족하다. 하지만……

하지만 만약 칭기즈칸이 악마가 유전적으로 변형되어 백상아리·회색곰·대왕오징어 사이에서 가학적인 잡종이 된 반려동물을 기르고 있었다면, 그 반려동물은 라텔을 크라브마가Krav Maga(이스라엘에서 개발한 군사 자기방어 무술—옮긴이) 스승으로 삼았을 것이다. 이유는 이렇다. 2002년부터 라텔은 줄곧 기네스북에서 '가장 무모한 동물'이라는 타이틀을 얻어왔다. 295퍼센트의 테스토스테론과 나머지 35퍼센트의 농축 우라늄으로 구성된 이 동물은 표범에게서 먹이를 훔치는 모습과 아프리카에서 가장 강한 독사와 싸우는 장면이 관측되었다. 어떤 사람은 내게 라텔이 코끼리 코를 공격하는 모습을 본 적이 있다고 말하기도 했다. 코끼리. 5톤짜리도. 문제없다.

한 일화에서는 라텔의 공격 기술을 이렇게 설명한다. "라텔은 큰 동물을 공격할 때, 음낭을 겨냥하는 것으로 유명하다. 이런 행동은 스티븐슨 해밀턴Stevenson-Hamilton이 처음으로 관찰했다(1947). 이때 라텔 한 마리가 어른 수컷 물소를 거세할 뻔했다." 잠깐 쉬면서, 수컷 물소는 위협적인 근육 900킬로그램과 한쪽 끝이 날카로운 뿔이 있는 동물이라는 사실을 기억하자. 설명은 다음과 같이 계속된다. "라텔에게 거세되는 사건은 누gnu(아프리카에 분포하는 영양—옮긴이), 물영양, 쿠두Kudu(아프리카 동남부에 분포하는 큰 영양—옮긴이), 얼룩말 그리고 인간을 포함한 다른 동물들에게서 발생한 적이 있다." 라텔은 완벽하게 고환을 겨냥하고, 불쌍한 짐승이 피를 흘리다 죽을 때까지 기다린다. 이렇

11. 라텔, 대량 살상 무기

라텔의 거친 행동을 생각하다보니
무의식적으로 이 이미지 예시에 불이 붙었다. 미안하다.

게 행동이 거칠어지게 한 적응 현상들로는 다음을 열거할 수 있다. 1. 두껍고 유연한 가죽, 2. 뱀독에 대한 예외적 저항성, 3. 못되게 발전한 지능, 4. 동맹자로서의 새들, 5. 뒤집을 수 있는 항문 주머니, 6. 대단한 공격성.

사실 라텔은 가죽이 매우 두껍다. 목 주변은 0.5센티미터가 넘는다! 또한 화살이나 창 찌르기에 무감각하다는 말도 있다. 게다가 매우 느슨한 가죽은 다른 동물이 라텔을 움직이지 못하게 하려고 할 때, 싸울 수 있게 그리고 몸을 쉽게 돌릴 수 있게 해주어, 신중하지 못한 공격자에게 자신의 당연한 분노가 향하게 한다. 상상해보라. 당신은 표범인데, 당신의 저녁거리를 훔치려 하는 라텔의 턱을 잡아챘다. 엄청난 실수다! 그는 여유롭게, 마치 자신의 가죽 안에서 움직일 수 있는 것처럼, 몸을 돌려서 자기 몫의 희생물을 요구하는 아즈텍족 신의 미친 눈빛으로 당신의 얼굴을 찢어놓는다.

두번째 사항, 독에 대한 저항력. 코브라, 검은맘바black mamba, 뻐끔살무사를 사냥해서 먹는 라텔이 목격된 적이 있다. 이 파충류들은 딱히 호의적인 것과는 거리가 멀다. 사실 뻐끔살무사는 아프리카의 뱀 중에서 가장 치명적이고, 살무사 중에서 가장 유독한 것으로 꼽힌다. 그런데도 수컷 라텔이 이 뱀과 싸우고, 뱀에 물리고(그래서 결국 치명적인 독이 주입되고), 뱀을 한번에 물어뜯어 죽여버리다가 자신도 독에 중독되고……, 몇 시간 후에 원기 왕성하게 회복하여, 어렵게 얻은 식사를 끝마칠 준비를 하는 모습이 촬영된 적이 있다. 현재로서는 어떤 메커니즘으로 독에 면역이 생기는지 아직 밝혀지지 않았다!

게다가 이들은 영리하다. 란탐보르국립공원Ranthambore National Park(인도, 라자스탄Rajasthan)에서는 먹잇감을 잡으려고 도구를 사용하는 라텔의 모습이 촬영된 적이 있다. 그 수컷은 위쪽에서 꼼짝 못하는 어린 물총새에 닿으려고 나무 장작을 옮겼다. 이것은 (교활하게) 발전한 지능의 표시다.

한편 라텔과 여러 종의 새 사이에 상리 공생mutualism 관계(기브 앤드 테이크)가 존재하는 것 같다. 라텔이 큰꿀잡이새*Indicator indicator*를 따라다닌다는 사실도 종종 기록되었는데, 이 새는 라텔이 엄청 좋아하는 유충이 있는 야생 벌집 쪽으로 라텔을 인도한다. 오늘날 우리는 이제 누가 누구의 뒤를 따라가는 것인지 알 수가 없다. 어떤 새들

11. 라텔, 대량 살상 무기

은 라텔의 복수 활동에서 부스러기를 모으려고 라텔의 활동을 감시하는 것처럼 보이기도 한다. 땅굴을 파는 라텔이 만들어내는 미소진동microseism을 피하려는 작은 파충류들을 먹는 엷은울음참매*Melierax canorus*가 목격된 적도 있다.

긴 발톱, 날카로운 이빨, 탱크 장갑판 같은 외형 외에도 라텔은 뒤집을 수 있는 항문 주머니가 있는데 이 주머니를 사용하여 참을 수 없는 냄새를 발산한다고 한다. 이 나쁜 냄새 분비샘은(이 단어는 약하다, '지독한' 분비샘이 더 적절해 보인다) 이 짓궂은 족제빗과 동물이 벌의 자손들을 씹어 먹으려고 벌집을 공격할 때, 벌들을 무력화하는 데 쓰일 수도 있다고 몇몇 연구자는 확신하기도 한다.

마지막으로, 라텔은 뒤로 뛸 줄 아는 유일한 포유동물이다. 우리는 남아프리카공화국의 군대에서는 라텔의 이름에서 영감을 받아 보병 전투 차량의 이름을 지었으며, 인도에서는 묻힌 지 얼마 되지 않은 시신을 먹고자 무덤을 파는 라텔이 목격되기도 했다는 사실을 알아야 한다. 이라크에서는 인간을 먹는 라텔이 존재한다는 소문까지 돌았다. 이 종은 단지 재미를 위해, 머리를 숙인 채 수컷 사자 여섯 마리가 있는 무리에 덤벼들 능력이 있다. 또 고환을 겨냥한다는 사실을 생각하면, 이런 막연한 소문이 불러일으킨 전국적인 공포심을 이해할 수 있다.

　　　　　　　　　　　　　　　　III. 이상한 짐승

12
〈라이언 킹〉의 충격적인 사실

〈라이언 킹The Lion King〉은 1994년에 나온 미국 애니메이션 영화다. 이 영화는 심바 아버지의 죽음에 한 세대의 어린아이들이 눈물을 흘리게 하고, 서로 모른 체하는 두 종(미어캣meerkat과 혹멧돼지)이 집단적인 상상력으로 단결하게 했다. 또한 이 영화는 모든 사람에게 하이에나는 나쁘다는 사실을 깨닫게 했다. 그런데 이 애니메이션을 과학적으로 분석한 결과는 우리가 이 영화의 모든 것을 알고 있지는 않다는 사실을 드러낸다. 당신의 어린 시절은 방탄 서랍장에 넣어두시라. 심하게 흔들릴 테니까.

새로운 사실 1: 라피키는 길을 잃었다

〈라이언 킹〉에서 사자의 왕가는 쾌활한 모습의 한 영장류에게 많은 도움을 청하는 것처럼 보인다. 바로 라피키다. 새로 태어난 심바의 이름을 지은 것도, 영화 중반에 심바에게, 물론 육체적으로는 죽었지만, 아버지는 늘 가슴 속에 존재한다는 것을 증명해준 것도 라피키다. 라피키는 커다란 바오바브나무 안에서 사는데, 사람들은 그가 개코원숭이인 것처럼 언급한다. 그러나 그의 얼굴에 나타난 색깔들을 볼 때, 라피키는 분명히 맨드릴*Mandrillus sphinx*이다. 이 종은 사실 적도아프리카의 숲에서 나타난다. 〈라이언 킹〉의 무대는 케냐의 풀이 무성한 사바나이므로, 결국 라피키는 길을 잃은 것이다.

새로운 사실 2: 검은 사자는 더 공격적이다

스카는 무파사의 '어두운' 동생이다. 더 초라하지만 더 교활하다. 스카는 왕좌에서 왕을 몰아내고자 하이에나들과 동맹을 맺는다. 스카는 위험한 공격성을 드러내지만, 무파사는 지혜가 충만하고 조용한 힘이 있다. 최근의 연구들에서는 어떤 개체의 행동과 그의 털 색깔에 관련성이 있다는 사실을 확인했다. 사자가 바로 그러한데, 갈기 색이 테스토스테론과 공격성의 정도를 알 수 있는 좋은 표지다. 그러나 갈기가 어두운 색깔인 수컷이 훨씬 더 교활하다는 사실을 보여주는 것은 아무것도 없다. 이 점을 명확히 하려면 추가 연구를 해야 한다!

새로운 사실 3: 하이에나가 재미있다고 늘 웃지는 않는다

〈라이언 킹〉에서 하이에나들은 끊임없이 웃음을 터뜨린다. 주요 인물인 세 마리 하이에나 중 한 마리는 문자 그대로 24시간 내내 웃음이 터진다! 하이에나들은 포복절도하면서 시간을 보낸다는 고정관념이 생길 정도다. 하이에나 특유의 웃음이 있는 것은 아닐까? 사실 점박이하이에나는 아주 사회적인 종으로, 각기 다른 수많은 울음소리로 구성된 복잡한 언어를 가지고 있다. 다양한 맥락에서 사용하는 울음소리를 열두 개가량 꼽을 수 있다. 공격의 임박, 다른 하이에나들과의 집합, 복종의 신호 등이다. '키득거리기'는 다른 여러 가지 발성 중 하나일 뿐이다. 다른 개체의 공격에 대한 응답이며, "날 조용히 내버려 둬!" 같은 말을 하고자 사용한다. 요컨대 정말로 그다지 웃을 일도 없다.

새로운 사실 4: 사자는 썩은 고기를 먹고, 하이에나는 사냥한다

〈라이언 킹〉에서 스카는 쿠데타에 성공하고, 공포정치 체제를 구축하여, 사자들에게 커다랗고 게으른 점박이하이에나들의 먹이를 사냥해오라고 강요한다. 스카는 굶주린 하이에나들을 앞에 두고 이렇게 정당화하기도 한다. "사냥을 가야 할 임무가 있는 것은 사자들이다." 하지만 현실은 완전히 다르다는 것이 드러났다. 점박이하이에나는 훌륭한 사냥꾼으로, 이들이 소비하는 고기 대부분은 그들이 직접 수고해서 사냥한 것들이다. 한편 고귀한 사자들은 기꺼이 썩은 고기를 먹는 동물이 되는 것에 몰두한다. 사실 사자는 다른 포식자들을 밀어내고 그들의 전리품을 대신 먹을 수 있다. 아이러니하게도 현실에서 사자는 점박이하이에나보다 더 자주 썩은 고기를 먹는 동물이다!

새로운 사실 5: 코끼리들의 묘지는 존재하지 않는다

어린 심바는 아버지가 지배하는 영역의 경계를 넘어가서 아침 햇살이 (이상하게도) 비추지 않는, 비밀스러운 어둠의 땅을 찾아내기로 마음먹는다. 이 땅은 코끼리들의 묘지인 것으로 드러나는데, 일종의 황무지 쓰레기장으로 약에 취한 하이에나들이 자신들의 법을 강요하는 곳이다(그리고 착한 영웅들을 살짝 씹어 먹겠다고 위협한다). 사실 그렇지 않다. 코끼리는 묘지를 만들지 않는다.

이 허구는 두 가지 객관적 사실에서 나온 산물일지도 모른다. 먼저 코끼리는 인간처럼 자신의 죽음에 중대한 관심을 기울이는 것으로 보이는데, 종종 자기 동족의 시체 주위를 서성인다. 많은 일화에서 죽은 코끼리 곁에 며칠씩 머물고, 심지어 나뭇가지·낙엽·흙으로 시체를 덮어주기까지 했다는 코끼리의 행동을 이야기한다. 그리고 가끔 우리는 코끼리들이 마치 일부러 동일한 장소에 죽으러 가기라도 한 것처럼 여러 코끼리의 해골을 같은 장소에서 발견하기도 한다.

하지만 현실은 훨씬 더 단순하다. 늙은 코끼리는 물을 이용해 신체 상태를 진정시키거나, 이빨이 없는 입을 위해 더 부드러운 수초를 먹으려고 하므로 샘터 가까이에서 죽는 경향이 있다. 두 가지 상황 모

III. 이상한 짐승

두 늙은 코끼리가 샘의 진흙에 빠져서 움직일 수 없게 되거나, 신체적인 허약 때문에 단순히 의식을 잃어서 결국 죽게 된 것일 수도 있다. 그러므로 샘터 근처에서 빈번히 발견되는 코끼리들의 해골이 묘지 인부들의 정성스러운 작품은 아니다.

새로운 사실 6: 〈라이언 킹〉의 동물들은 미신적이다

스카의 전제군주 체제가 끼친 중대한 영향은 환경에 탈이 난다는 것이다. 처음에는 풍요로웠던 사바나가 모래사막으로 변한다. 하늘은 회색이고, 가뭄이 들어 초식동물이 굶어 죽으며, 하이에나 한 마리가 요약하듯 "더는 먹을 게 아무것도 없다!"

아마도 이 애니메이션 영화에 나오는 주인공들은 기억력이 몹시 나쁜 것일 수도 있는데, 사바나의 극심한 건조는 매해 일어나는 현상이라는 점을 기억해두는 것이 좋다. 이때가 건기다. 아프리카 남쪽 끝의 어떤 나라들에서는 주기적으로 6개월에서 8개월 동안 단 한 방울의 비도 내리지 않을 때가 있다. 식물은 말라가고, (아프리카 남쪽의 수많은 사바나에 있는 모래로 된) 헐벗은 지면이 드러나며, 자연적으로 불이 붙어 대기 중에 연기가 차고, 하늘은 독특한 보랏빛이 도는 회색으로 변한다. 어떤 초식동물들은 가뭄이 특별히 심각할 때 죽을 수도 있다. 간단히 말하면, 스카의 정치 탓으로 돌려진 현상이 사실은 정기적인 기후 주기에 속하며, 거기에서 '못된 이들'의 업적을 찾아내기에는 약간 미신적인 것이 있어 보인다.

새로운 사실 7: 왕가의 근친상간에 대해

심바는 어렸을 때 날라라는 절친한 여자 친구가 있었다. 아버지가 죽고 난 후, 심바는 왕국에서 쫓겨나고 멀리 떨어져서 자란다. 하지만 몇 해가 지나고, 우연의 일치로 심바는 황폐해진 왕국의 땅에서 도망치던 날라와 마주친다. 이 두 새끼 사자는 잘 자랐고, 호르몬의 기적이 일어난다. 질주하고, 갈기를 만지작거리고, 림프샘의 냄새를 맡고……, 요컨대 팽창한 자연이 요동치는 것이다. 날라와 심바 커플은 검은 배신자인 삼촌의 비열한 권력을 무너뜨리는 데 성공하고, 금발의 어린 후손들이 있는 왕조를 세운다. 그렇다. 하지만 만약 이 후손들이 같은 혈통의 새끼들이었다면?

충격적인 사실, 날라와 심바는 필시 인척 관계다. 최선의 경우, 그들은 사촌 사이다. 최악의 경우……, 그들은 이복 남매다.

그래, 그렇다. 사자의 무리가 어떻게 움직이는지를 보면 된다. 사자는 한 마리에서 (동맹을 맺는다면) 두 마리의 수컷이 많은 암컷과의 번식을 독점한다. 나머지 수컷들은 번식하기에는 너무 어리거나, 영역 밖으로 쫓겨난다. 동맹일 때는 형제들이 합심해 다른 수컷을 영역 밖으로 몰아낸 뒤, 번식을 공유한다. 이것이 무리 내 스카의 존재를 설명하기에 가장 합리적인 가설이다. 스카는 무파사와 동맹을 맺었다. 그런데 무파사가 암컷들을 독점한 것처럼 때문에(분쟁의 원인, 이해되기도 한다) 스카는 성적으로 특별히 무르익은 것처럼 보이지는 않는다. 그러므로 우리가 날라와 심바를 포함한 모든 아이가 무파사의 자식들이라고 추정할 만한 충분한 이유가 있다. 간단히 말해, 날라와 심바는 이복 남매일 가능성이 아주 크다. 그들의 자손들은 근친 관계 비율에서 신기록을 세우고, 혈통의 끝에는 턱으로 통조림통을 열수는 있지만 두 눈을 몇 초 이상 나란히 고정할 수는 없는 새끼들을 만들어낼 위험이 있다.

근친 관계의 영향을 잘 예증해주는 사자의 개체군이 탄자니아에 있다. 바로 응고롱고로Ngorongoro 보호 구역의 개체군이다. 응고롱고로는 세계에서 가장 크게 펼쳐진 분화구로 소수의 개체에서 최근에 다시 형성된, 아주 근친인 사자들의 고립된 개체군을 보호한다. 바로 이것을 개체군 병목현상(질병이나 자연재해 등으로 개체군의 크기가 급격히 감소한 이후, 적은 수의 개체로부터 개체군이 다시 형성되어 유전자 빈도나 다양성에 큰 변화가 생기는 현상—옮긴이)이라 부른다. 이러한 근친 관계의 영향은 수컷에게서 잘 관찰되는데, 이 수컷들의 정자 절반 가까이가 기형이다. 자, 이것이 바로 미래가 심바와 날라의 후손들을 위해 예정해둔 것이다……

IV
인간과 사바나

─────────

인간은 때로는 악마 같은 파괴자로, 때로는 거의 신적인 프로메테우스의 예외로
철저히 생물계의 다른 종들과 얼굴을 마주한다.
여기에서는 이 털 없는 두 발 동물이 사바나의 다른 종들과
어떤 관계를 유지하는지에 관심을 기울여보고,
소위 이 분열이…… 특히 환상이라는 사실을 함께 들여다보자.

13
새끼 사자 살해범 제조소

인간은 생물계에 강한 영향을 미친다. 이것은 사실이다. 생물학적 그리고 지질학적 진화 과정을 인간(그리스어로 안트로포스anthropos)이 지배하는 것처럼 보여서, 가끔 우리는 현 지질시대를 가리키고자 인류세Anthropocene라고 이야기하기도 한다. 지구의 모든 육지 위에서 호모사피엔스의 분포는 수많은 지역에서 종들의 종말과 종종 합치된다. 이때 전체적인 종들의 소멸 비율이 다른 주요한 생물학적 위기에 따른 소멸 비율 못지않다. 약간은 어두운 이 묘사 외에도 인간 활동은 생물 다양성에, 모두 부정적이지만은 않은, 다른 수많은 영향을 미친다. 여기에서 인간이 어떻게 동물의 행동에 가끔은 아주 예상치 못한 방식으로 영향을 주었는지 살펴보자!

사바나의 단순한 예시로 시작해보자. 바로 대이동이다. 많은 사바나의 생태계에서 아주 습한 우기와 아주 건조한…… 건기가 이어

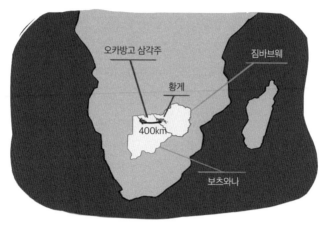

오카방고 삼각주

짐바브웨

황게

400km

보츠와나

짐바브웨의 황게국립공원은 보츠와나의 오카방고 삼각주에서 400킬로미터 떨어져 있다.

지며, 계절이 아주 뚜렷하게 나타난다. 건기가 진행되는 동안에는 여러 달에 걸쳐서 단 한 방울의 비도 내리지 않는 상황이 빈번하게 발생해 강의 하상과 자연 샘터 들이 말라버리기도 한다. 그러므로 동물의 대응은 확실하다. 물을 찾으러 다른 곳에 가고자 건기 동안 이주하는 것이다. 내가 일하던 황게국립공원에서도 대대로 코끼리들이 물을 찾아서 보츠와나의 오카방고 삼각주Okavango Delta나 잠비아 국경의 잠베지 강Zambezi River까지 갔다. 이 두 가지 상황에서 다음번 새로운 물 한 모금까지는 수백 킬로미터가 떨어져 있다.

20세기 초, 아프리카에 처음으로 국립공원이 등장했다. 공원 내부에서는 동물이 밀렵으로부터 법적 보호를 받고, 개체군들이 꽃필 수 있다. 또 다른 조치가 재빠르게 황게에 나타났다. 가장 심한 건기에도 샘이 유지될 수 있도록 지하수를 퍼 올리는 것이었다. 중대한 한

IV. 인간과 사바나

가지 결과는 오늘날 이 동물상이 물을 찾으려고 이제 수백 킬로미터를 이주할 필요가 없어졌다는 사실이다. 이들은 마음껏 그 자리에 있을 수 있다. 인간은 서식지의 한 요인을 변화시키면서, 동물에게 이주라는 행동이 사라지고 정착하게 했다. 황게국립공원에서 이 조치로 코끼리 집단이 현저히 증가했다. 오늘날 새끼 코끼리들은 오카방고 삼각주로 향하는 위험한 길에서 더는 목이 말라 죽지 않는다. 현지 코끼리 집단은 아마도 4만 개체를 넘어섰다. 정착한 동물들에게 물을 주려고 디젤 펌프들은 건기 내내 계속 부르릉거린다.

대부분 동물의 행동 변화는 인간의 고의적인 행동 때문이 아니라 오히려 인간 활동의 '우연한' 결과로 나타난다. 미국너구리, 곰, 여우 등 북아메리카의 기회주의자 포유동물들이 놀라운 표본이다. 이들은 인간이 남긴 음식물을 먹으러 와서 쓰레기통의 내용물을 먹는다. 황게국립공원에는 우리의 쓰레기를 분리하고 재활용하는 데 특화된 차크마개코원숭이*Papio ursinus* 무리도 있었다!

그러나 모든 척추동물 무리 가운데는 새들이 우리의 기술 문명에 가장 놀랍게 적응한 표본으로 남아있다. 20세기 초, 영국의 우유 배달부들은 한 가지 문제에 맞닥뜨렸다. 그들이 고객의 문 앞에 우유병을 배달하는 순간과 고객이 우유병을 찾아가는 순간 사이에 우유의 유지가 사라진 것이다! 고지방인 이 거품을 푸른박새*Cyanistes caeruleus*에게 도둑맞은 것이었는데, 병이 뚜껑으로 덮여 있지 않았기 때문이다. 몇 년 후 우유 배달부들은 우유의 신선도를 유지하고자 알루미늄 뚜껑을 추가했다. 이는 이 참새의 지능을 고려하지 않은 것이었다. 이 종의

13. 새끼 사자 살해범 제조소

몇몇 개체는 유지를 가져가려면 이 약한 뚜껑을 어떻게 뚫어야 하는지를 알아냈다. 그 기술은 영국 박새의 개체군 내에서 이웃에서 이웃으로 모방을 통해 전해지며 아주 빨리 퍼졌다. 1950년대 초에는 영국 박새의 모든 개체군, 즉 100만 마리의 새가 이 지방질 원천에 접근하는 방법을 알게 되었다. 이 행동은 영국인의 기호가 지방이 적고 내용물이 잘 섞인 유제품으로 바뀌면서 사라졌다.

다른 많은 종의 새도 색색의 플라스틱 쓰레기를 이용해 둥지를 만든다(사진 18). 둥지의 선명한 색깔은 이웃에게 보내는 신호나 암컷을 유인하려는 미끼로 쓰인다. 솔개*Milvus migrans*같이 자기 영토가 있는 새 중에서, 최고의 영토를 차지한 가장 몸집이 큰 새는 나쁜 영토를 가진 가장 약한 새보다 더 많은 플라스틱을 이용해서 둥지를 만든다. 이러한 표시는 분쟁을 막아준다. 각자가 한눈에 상대방의 힘을 가늠할 수 있으니 '몸이 반으로 접히고 싶은 게 아니라면 가서 귀찮게 할 필요가 없는 것이다.' 이 플라스틱 조각들은 개체의 지위를 나타내는 표시로 쓰이고, 영역 간 분쟁을 줄여준다. 요컨대 우리의 쓰레기가 아주 중요한 사회적 기능으로 이용되는 것이다. 더욱 놀라운 일은, 집참새 *Passer domesticus*가 담배꽁초를 둥지 만드는 데 사용한다는 사실이다. 잔류 니코틴이 새의 알을 기생충으로부터 보호하는 강력한 살충제를 배출하는 것이다! 자연계에서는 새들이 둥지를 살균하려고 백리향 같은 방향 식물의 가지를 이용하지만, 도시에서는 담배꽁초가 효과적인 대용품인 것으로 드러났다. 원래 재배 담배가 자신의 나뭇잎을 뜯어먹으러 오는 기생충으로부터 자신을 보호하고자 니코틴을 사용했다는 사실을 기억해야 한다. 둥지에 담배꽁초를 사용하는 것은 니코틴의 첫 기능으로 회귀한 셈이다!

더욱 대단한 사실. BBC가 촬영한 일본의 까마귀는 단단한 호두를 까려고 도로 교통을 이용하고 나서 그 후에 내용물을 먹는다. 까마귀는 신호등이 빨간색일 때 호두를 놓고, 차 한 대가 호두를 으깰 때까지 끈기 있게 기다리다가 다음 차량 정지 신호에서 부스러기를 먹는다.

그보다 더욱 대단한 사실. 최근의 한 연구에서는 도로에서 먹이를 먹는 새들이 도로의 제한 속도를 안다는 사실을 발견했다. 퀘벡 주의 연구진들은 프랑스 서부의 각기 다른 도로에서 다른 속도로 운전했다. 연구진들은 매번 새들이 날아오르기로 마음먹은 순간의 차량과 새들 사이 거리를 쟀다. 결과는 놀라웠다. 날아오르는 거리는 자동차의 속도에 따라 결정되는 것이 아니라, 그 도로의 허용 최고 속도에 따라 결정되는 것이었다. 예를 들어서, 제한속도가 시속 90킬로미터인 한 도로에서 새들은 자동차가 시속 50킬로미터(트랙터)로 오든 시속 180킬로미터(빨리 병원에 도착해야 하는 운전자)로 오든, 대체로 자신들이 차량에서 75미터 떨어져 있을 때 날아오른다. 전자는 너무 빨리 떠난 것이고, 후자는 너무 늦은 것이다. 시속 180킬로미터면 자동차는 75미터를 1초 반에 주파한다. 이때 새들이 차도에서 나오기에는 시간이 모자란다. 그렇다면 새들이 도로 표지판을 읽을 줄 아는 것일까? 더욱 가능성이 큰 설명은 새들이 경험을 통해 차량의 다양한 속도를 평균하여 통합했다는 것이다. 한 도로에서 어떤 사람들은 허용 속도보다 조금 더 빠르게 운전하기도 하고, 다른 사람들은 허용 속도보다 조금 느리게 운전하기도 한다. 운전자들의 평균속도는 실제 제한속도에 가깝게 된다. 노련한 새는 차도에서 먹이를 먹을 때 바로 이 평균을 머릿속에 기억하는 것이다.

2014년 타이완대학교의 연구자들은 야생 동물이 인간의 시설물을 재활용하는 또 다른 사례를 발견했다. 먼 거리에서 내는 큰 호출 소리를 통해 번식하는 쿠리살루스*Kurixalus*속의 작은 개구리들이 차도 가장자리의 배수관에서 자주 발견됐다. 개구리에게 이 배수관은 일종의 콘크리트로 만들어진 도심 협곡으로, 이들의 호출을 매우 효과적으로 반사하고 사랑의 외침이 미치는 범위를 넓혀준다. 이 양서류는 인간의 구조물에서 이익을 볼 줄 아는 동물의 목록에 이름을 올렸다.

인간 활동이 이따금 동물의 행동에 미치는 영향은 예기치 못할 때가 더욱 많고, 어떤 때는 솔직히 그 영향이 부정적이기도 하다. 사바나에서 가장 놀라운 예는 스포츠 사냥trophy hunting과 사자의 새끼 살해 사이 연관성이다. 먼저 사자의 사회 체계를 이해해보자. 수컷 사자 한 마리는 암컷 대여섯 마리의 번식을 독점할 수 있다. 여기에서 수컷은 지속해서 교체되는데, 젊은 수컷들이 암컷과 번식하고자 끊임없이 늙은 수컷에게 맞서는 데다가 수컷 사자 한 마리는 평균적으로 2년의 시간 동안 번식할 수 있기 때문이다. 이 2년은 다른 수컷을 쫓아낼 만큼 충분히 강해진 다음부터 자기 역시 너무 늙어서 쫓겨나기 전까지의 시간이다. 반면 암컷은 새끼들을 돌봐야 하므로 성적으로 민감하지 않다. 바로 그 때문에 젊은 수컷은 어떤 무리의 수컷을 몰아내자마

스포츠 사냥으로 말미암은 수컷 사자의 죽음은 무리 안에 또 다른 수컷의 출현……
그리고 새끼 살해를 나타나게 할 수 있다.

자 자기 새끼가 아닌 모든 새끼 사자를 죽이는 것이다. 암컷은 자신의 새끼들을 잃고 난 뒤 다시 성적으로 민감해져서, 수컷과 짝짓기를 할 준비를 한다. 비록 암컷이 공격적인 성질을 보이며 대부분 자신의 새끼를 보호한다고 해도, 생후 첫해에 죽는 새끼 가운데 4분의 1이 새로운 수컷에게 죽임을 당하는 것으로 추정된다.

스포츠 사냥은 포식자를 쓰러뜨렸다는 '위업'을 달성하고자 수컷 사자를 죽이는 활동이다. 헬리콥터나 사륜구동 자동차에서 이루어진다는 점에서 사자 사냥의 조건들이 스포츠와는 별 관련이 없지만 말이다. 사자가 클수록 사냥꾼은 만족한다. 고객이 만족할 수 있도록, 사자는 한창나이로 몸집이 큰 어른이어야 한다. 그래서 이들은 암컷과 새끼로 이뤄진 무리에서 우두머리일 가능성이 가장 큰 개체이기도 하다. 사냥꾼은 방아쇠를 당기며 비극적인 일련의 사건들을 촉발한다. 수컷은 제거되고, 새로운 수컷이 무리에 들어가고, 예전 수컷의 새끼들은 죽임을 당한다.

인간이 일으키거나 달라지게 한 동물 행동의 긴 목록은 매일 더 늘어나고 있다. 중립적이고 이성적인 하나의 관점은 인간을 영향력이 매우 큰 하나의 종으로 간주하는 것이다. 이 종은 자원을 소비하지만, 새로운 자원에 접근할 수 있게 하기도 한다. 이런 상황이 완전히 새롭지 않다는 점을 기억하는 것은 언제나 바람직하다. 인간이 첫번째로 길들인 동물 종인 개를 유전적으로 선별해온 것이 3만 년에 가깝고, 화전 경작을 위해 덤불과 숲을 태운 것이 적어도 6만 년에 이른다. 모든 것을 이런 관점으로 되돌려놓으면 인간이 미친 모든 영향을, 이러한 오

　　　　　　　　　　　　　　　　IV. 인간과 사바나

염을 겪지 않은 '순수한' 상태에 반대되는, 근본적으로 '자연적이지 않은 것'으로 생각하는 일은 피할 수 있을 것이다. 우리는 인류 역사의 초기부터 우리의 서식지와 영향을 주고받아 왔다. 그리고 우리와 자주 어울리는 종들의 행동을 변화하게 하고, 그들과 어울리면서 변화해왔다. 현재와의 차이점은 단계의 차이지 자연의 차이가 아니다.

14

밀려드는 건조함

더스트볼Dust Bowl은 1930년대 미국과 캐나다의 대초원 지역에서 모래 폭풍이 일던 긴 기간에 붙여진 이름이다. 수년 전부터 집약 농업을 해온 상황에서, 심각한 가뭄 후에 이러한 폭풍이 갑작스레 나타났다. 트랙터가 일반화되고 밭을 깊숙하게 가는 방식이 보편화되면서(여기에 생태계에 관한 나쁜 지식이 결합하면서), 건조하고 풀이 무성한 초원의 모래 섞인 흙과 그 자리에서 지탱하던 뿌리들을 완전히 파괴하는 결과를 초래했다. 습도를 유지하고 흙을 '잡고 있을' 식물이 없어서, 수십억 톤의 진흙과 모래가 여름 바람을 타고 날아가, 1934~1935년 겨울 동안에 뉴욕에 내리는 눈의 색이 붉어지는 지경까지 이르렀다! 이듬해 4월에는 검은 일요일Black Sunday 폭풍이 3억 톤의 모래와 먼지를 오클라호마 주에서 텍사스 주까지 옮겨 가서, 미국 역사상 최초의 '환경' 난민이 생겨났다. 파산한 250만 명의 사람이 대초원을 떠나 해안으로, 특히 캘리포니아 주로 가서 일자리를 찾았다. 바로 이것이 소설 『분노의 포도*The Grapes of Wrath*』의 배경이다. 때로는 어떤 종에서 환경의 변화가 단 몇 년 만에 이루어진다는 사실을 이런 매우 빠른 속도의 사막화 이야기로 설명할 수도 있을 것이다.

이런 규모의 재앙을 어떻게 예견하고 막을 것인가? 사막화는 유례없이 시사성을 띤 현상이므로, 지금 이 순간에 이런 질문을 던지는 것은 너무나 당연하다. 현재 36억 헥타르의 땅이 사막화의 영향 아래 놓였다. 이는 지구에서 경작할 수 있는 땅 가운데 약 3분의 1 이상(36 퍼센트)을 차지한다. 해결책 중 하나는 생태계에서 벌어지는 사태沙汰에 관심을 기울이는 것이다.

사태는 외부 요소의 아주 가벼운 자극으로 '산 위의' 안정된 상태에서 '계곡의' 또 다른 안정된 상태로 미끄러지는 어떤 것, 예를 들어 강설 같은 것이다. 세 시간 동안 눈이 내리다가 갑자기 탁, 마지막 눈송이가 재앙을 촉발한다. 자극은 극히 적을 수도 있다는 사실을 기억해야 한다. 모든 것을 다 움직이게 하는 마지막 눈송이 덩어리는 이동하는 눈덩이와 비교하면 완전히 하찮은 수준이지만, '수용할 수 있는' 눈 무게의 한계를 넘어선다. 모든 눈을 다시 산 위로 올리기는 매우 힘들어서, 돌이킬 수 없는 전이라고도 한다. 사태를 특징 짓고자 탄성 에너지에 관해서도 이야기해볼 수 있다. 이 에너지는 균형을 잃지 않고 많은 교란을 견디는 시스템의 능력이다. 눈에 탄성이 크면 클수록, 눈사태를 일으키고 그것이 쏟아지게 하려면 더 많은 무게의 눈이 필요하다. 결국 재앙을 일으키는 전이의 속도는 폭주하는 선순환, 즉 양의 피드백 루프feedback loop가 조장한다. 눈을 더 많이 축적할수록 눈사태가 크게 나고, 탄성의 크기가 클수록 더 많은 눈을 모을 수 있는 식이다. 요컨대 '사태' 방식의 재앙을 일으키는 전이를 제대로 요리하려면, 여러 가지 각기 다른 안정적 상태 + 어떤 한계선을 넘어서는 외부 응력 + 하나의 안정된 상태에서 다른 상태로 전이하게 하는 눈덩이 효과가 우리에게 필요하다.

사막화는 예컨대 사바나와 같은 건조한 세계 안에서 일어나는 특별한 종류의 사태다. '사바나'는 약간은 좀 뒤죽박죽된 생태계의 범주다. 이 단어는 나무가 무성하거나 나무가 별로 무성하지 않거나 나무가 아예 한 그루도 없을 수 있는, 반 정도 건조한 환경에서부터 몹시 건조한 환경까지를 묘사한다. 실제로 이것은 분할할 수 없는 연속이고, 기후 온난화나 강우량의 감소 또는 초식동물의 압력(또는 산불 또는 돌연변이 토끼 인간의 습격)의 영향 아래 동일한 하나의 사바나가 어떤 상태에서 다른 상태로 점진적으로 넘어갈 수 있다.

예를 들어, 나무가 우거진 어떤 사바나에 비를 줄인다고 상상해보자. 나무들로 이루어진 지붕에는 몇몇 구멍이 생기기 시작할 것이다. 물을 좀 더 줄여보자. 구멍들은 서로 연결되어 선을 만들게 될 것이며, 이 선들이 서로 연결되어 미로를 만들 것이다. 아주 빠르게, 듬성듬성한 나무의 자국 몇 개만 남게 될 것이다. 이러한 점진적 전이는 우선은 끔찍하지 않다. 나무가 돌아오도록 다시 물을 주기만 하면 된다.

시스템을 세부적으로 관찰해보자. 나무는 증발을 줄여주고 국부적으로 습도를 높여주는 그림자와 뿌리를 제공해줌으로써 가까운 주변에 물이 있도록 도와준다. 달리 말하자면, 더는 많은 물이 없을 때 나무가 돋아날 수 있는 유일한 장소는 바로…… 다른 나무들 곁이다. 이를 통해서 더는 물이 많지 않을 때 벌거벗은 풍경 속에서 작은 초록색 점들이 형성되는 이유를 설명할 수 있다. 살아남으려면 함께 살 수밖에 없기 때문이다! 결국 나무가 많을수록 나무는 많아진다.

거꾸로 나무로 덮이지 않은 지역은 매우 건조하고 바람에 침식된다. 새로운 식물이 정착하려면 꼭 있어야 하는 마지막 영양소들은 흙을 지탱할 수 있는 뿌리가 더는 없을 때 빠르게 날아가버리고, 새로운 새싹이 정착해야 할 때마다 그것을 더욱 어렵게 한다. 결국 나무가 적을수록 나무는 적어진다.

흥미로운 사실은 나무로 뒤덮인 면적이 위험 수위 아래로 내려가면, 생태계가 한 번에 붕괴하고 나무들이 사라진다는 점이다. 이것이 바로 사막화다. 재앙을 일으키는 전이이므로 이 사막화는 아주, 아주 빠르게 이뤄질 수 있다. '나무 몇 그루'에서 '사막'으로 급격하게 넘어간다. 그 전으로 돌아가려면 지금으로 오려고 이용했던 길(화살표)보다 훨씬 더 긴 길(점선)을 이용해야 하는데, 이 말인즉슨 전이가 발생했던 것보다 훨씬 더 낮은 수준으로 건조함을 줄여야 한다는 것이다. 결국 우리에게는 두 가지 피드백 루프가 있다. 식생을 유리하게 해주는 것과 감소하게 하는 것. 식생이 일정한 한계선 아래로 내려가게 될 때, 우리의 옛 사바나는 매우 빠르게 사막으로 변하고……, 그리하여 우리의 눈사태가 생긴다. 조리법은 완벽하다.

14. 밀려드는 건조함

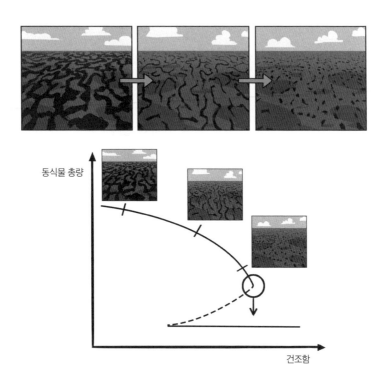

더 건조해질수록 식생의 동기들이 연결되는 조건이 줄어든다.
건조한 생태계 안에서는 동식물 총량이 재앙적인 수준으로 줄어들 수 있는
티핑포인트Tipping point(어떠한 현상이 서서히 진행되다가
작은 요인으로 한순간 폭발하는 것—옮긴이)가 존재한다.

1. 두 가지 안정된 상태

   : 식생이 있는 상태, 식생이 없는 황량한 상태

2. 일정한 한계선을 넘어선 건조라는 외부 응력

3. 반응의 속도를 높이는 도미노 현상

요약해보자. 아주 점진적인 변화가 힘의 한계선을 넘어설 때, 빠

르고 근본적이며 예상하지 못했던 반응들을 낳는다. 우리는 한계의 정확한 값을 절대 알 수 없으므로 깜짝 효과가 생겨난다. 이러한 변화는 돌이킬 수가 없다. 전이가 진행된 이후에 생태계를 복구하려면, 전이가 진행되기 이전에 생태계를 복구하는 것보다 훨씬 더 많은 에너지를 사용해야 한다는 말이다.

더스트볼 얘기로 돌아와보자. 황량한 상태는 안정된 상태라서, 대초원을 다시 농사에 이용하려고 2억 그루 이상의 나무를 심어야 했다. 이 나무들은 국지적인 비옥, 습도 유지를 다시 만들어내는 효과를 내며 흙을 지탱했다. 결국 우리가 앞서 말했던 모든 '선善'의 효과다. 아직도 재앙과 같은 전이가 조금이라도 남아 있을까? 사하라 사막은 이런 순서의 괄목할 만한 전이를 겪은 것으로 보인다. 약 5000여 년 전, 사하라 사막은 숲과 호수 들이 있는 대초원이었다. 이미 수천 년 전부터 이어져온 작품인 복사강제력radiative forcing(지구가 흡수하는 일사량과 그중에서 우주로 다시 방출되는 에너지의 차이―옮긴이) 안에서 일어나는 변화가 한계선을 넘어섰을 것이다. 이는 '눈사태' 사막화를 촉발하기에 충분했을 것이다. 그래서 세계에서 가장 큰(미국이나 유럽보다도 더 큰!) 열대 사막을 만들어냈을 것이다.

14. 밀려드는 건조함

15
그리고 인간은?

우리 진화 역사상 가장 중요한 몇 가지 사건은 아프리카 사바나의 생
태계 안에서 일어났다. 그중 유명한 한 가지는 약 400만 년 전 동아
프리카에서 나타난 변화, 곧 네 발 보행에서 두 발 보행으로 바뀐 것
이다. 좀 더 멀리 보려고, 좀 더 오래 걸으려고, 손을 자유롭게 사용하
려고 두 다리로 섰다. 사람들이 사헬Sahel에서 남아프리카공화국까
지 펼쳐지는 지역대에서 이들 오스트랄로피테쿠스의 화석들을 발견
했다. 고생물학자들이 그들 대부분에게 정다운 별명을 붙여주었다.
1974년 에티오피아에서 발견한, 이제 더 소개가 필요 없는 그 유명
한 루시Lucy(오스트랄로피테쿠스 아파렌시스*Australopithecus afarensis*)
가 있다. 1995년 차드에서 발견한 아벨Abel(오스트랄로피테쿠스 바
렐가잘리*Australopithecus bahrelghazali*)도 있다. 1947년 남아프리카공화
국에서 발견한 플레스 부인Mrs. Ples(오스트랄로피테쿠스 아프리카누

스*Australopithecus africanus*)도 있다. 이후 250만 년 전, 돌로 만든 최초의 도구가 나타났다. 이 도구들의 등장은 가장 초기의 사람종인 호모하빌리스*Homo habilis*의 출현과 동시에 발생했다. 하빌리스는 우리 호모사피엔스가 속한 종의 무리에서 첫번째 구성원이었다. 먼저 단순히 날카로운 가시에서 시작된, 호모하빌리스가 만들어낸 도구들은 그들이 섭취한 영양의 일부분을 차지했던 사바나 동물들을 조각으로 잘라낼 수 있게 해주었다. 이후 불을 발견해서 이용하기 시작한 시기가 도래한다. 그 시초는 약 150만 년 전으로까지 거슬러 올라가며, 훌륭한 사촌인 호모에렉투스가 출현한 시기와 비슷하게 맞아떨어진다. 에렉투스는 분명 잦은 산불에서 영감을 받아, 불이 주는 열기와 불빛을 이용했을 것이다. 그리고 불을 포식자에게서 자신을 보호하는 데뿐만 아니라 특히 양식을 준비하고 먹는 새로운 방법에까지 써먹었을 것이다. 몇몇 연구자는 이 종이 최초로 양식을 익혀 먹었으리라고 추정하며, 에렉투스와 관련한 고고학 발굴 현장에서 발견한 점토 조각을 논거로 내세운다. 이 점토 조각들은 아궁이에서처럼 아주 강력하고 국한된 불의 작용 아래에서가 아니라면 만들어질 수 없기 때문이다. 그래도 호모에렉투스가 불을 사용했던 정확한 시기에 대해서는 여전히 많은 논란이 있다. 불이 어떤 시기에 나타났든지 간에, 양식 익히기는 불의 사용자들에게 수많은 영향을 주었다. 실제로 익히기는 양식을 부드럽게 해주고, 영양소를 더 잘 섭취할 수 있게 해주며, 저작과 소화 시간을 줄여준다. 형태학적으로는 바로 에렉투스의 치아 크기가 감소하는 데 영향을 미쳤다. 또 음식을 씹는 데 들이는 시간의 감소도 동반하여, 다른 것을 할 수 있는 더 많은 시간과 에너지를 남겨주었다. 한편 에렉투스의 뇌 크기(980㎤)는 그의 조상인 하빌리스의 뇌 크기 (약 600cm³)보다 현저하게 크고, 몇몇 표본은 오늘날 인간3의 뇌 크기(1,110cm³)에 가깝다. 양식의 익히기는 이런 경부頸部 성장의 원인일 수도 있다. 사실 뇌는 가장 많은 에너지를 사용하는 기관으로, 모든 자원 중 5분의 1 가까이가 뇌 활동에 투자되기 때문이다. 익히기로 보급한 자원은 커다란 뇌의 에너지 비용을 치를 수 있게 해준다. 에렉투스는 이 커다란 뇌로 무엇을 해야 할지 알았다. 그들은 아프리카의 사바나를 떠나 지중해 주변을 모두 여행하고 아시아까지 갔다. 그들은 뗏목을 제작하여 지중해의 크레타Creta섬이나 인도네시아의 플로레스Flores섬처럼 그때까지 접근할 수 없었던 섬들을 점령했다. 에렉투스 집단이 아프리카의 출생지에 남았든 아시아로 이주했든 그들은 여전히 우리가 사바나, 특히 코끼리와 강력하게 연관 짓는 종에 속한다. 남아프리카공화국의 곳에서 스페인까지 호모에렉투스와 관련한 수많은 고고학 유적지에서는 코끼리의 잔해가 발견됐다. 호모에렉투스는 이 코끼리들을 먹고 나서 남은 코끼리 뼈를 새로운 도구를 만드는 데 사용했다.

우리의 조상은 여행하지 않고, 아프리카에 남았던 호모에렉투스다. 시간이 흐르며 새로운 종, 호모사피엔스가 나타난다. 가장 오래된 화석은 에티오피아의 오모Omo 계곡 유역에서 발견된 것들로, 연대는 19만 5000년으로 추정된다. 하지만 최근 과학 연구 결과들은 우리 종의 기원 연대를, 우리 종의 나이를 거의 배로 들게 하는, 34만 년 전으로 훨씬 더 멀리 밀어내고 있다. 2013년, 이 새로운 발견은 생각지도 못했던 방식으로 이루어졌다. 사우스캐롤라이나주의 아프리카계 미국인 남성 앨런 패리Alan Parry는 유전자 데이터베이스를 기반으로 가계도를 만들어주는 한 회사에 자신의 DNA 표본을 보냈다. 이 표본을 연구하던 애리조나대학교의 해머M. Hammer 교수는 놀라고 말았다. 남성에게만 있는 성염색체인 Y염색체가 그동안 해머 교수가 봐왔던 다른 Y염색체들과 완전히 달랐기 때문이다. 우리의 염색체와 이 특별한 염색체 간의 차이를 만들어내는 진화에 시간이 얼마나 필요한지 계산해본 뒤, 이 연구자는 앨런 패리가 34만 년 전 다른 인류에게서 갈라져나온 조상과 같은 계통의 후손이라는 사실을 깨달았다. 다르게 말하자면, 인류는 지금까지 화석 기록이 말해주던 것보다 훨씬 더 늙었다는 이야기다. 이 남성의 기원에 대한 좀 더 심도 있는 연구에서는 앨런 패리의 가까운 조상이 아마도 카메룬, 특히 서부 지역에서 유래했으리라는 사실을 보여주었다. 그리고 역시 그곳에서 가까운 어떤 장소에서는, 또 한 번, 유전학 덕분에 우리의 생물학적 과거에 관련한 흥미로운 다른 사건들이 새롭게 밝혀졌다.

아카피그미Aka Pygmy족은 가장 오래된 인류의 분파 중 하나다. 이들은 현재 카메룬이 있는 중앙아프리카에서 약 7만 년 전 다른 인류로부터 갈라져나온 것으로 보인다. 같은 시기에 아프리카의 뿔 지역에서는 모든 비아프리카계 인류를 배출한 인류 개체군이 아프리카 대륙을 떠나는 대여행을 시작하여, 아라비아반도에 발을 들여놓는다. 사람들은 피그미족이 적도아프리카의 열대우림에서 사는 것에 특화되

오스트랄로피테쿠스
바렐가잘리
360만 년 전

오스트랄로피테쿠스
아파렌시스
320만 년 전

오스트랄로피테쿠스
아프리카누스
200만 년 전

아프리카에서 떠나기
7만 년 전

아카피그미의 조상
7만 년 전

호모사피엔스의 첫 화석
20만 년 전

산족의 조상
15만 년 전

블롬보스Blombos 동굴
10만 년 전

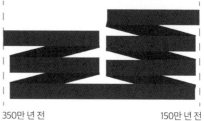

350만 년 전   150만 년 전

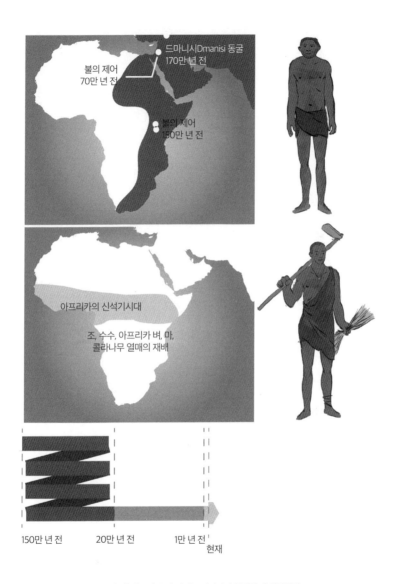

드마니시Dmanisi 동굴
170만 년 전

불의 제어
70만 년 전

불의 제어
150만 년 전

아프리카의 신석기시대

조, 수수, 아프리카 벼, 마,
콜라나무 열매의 재배

150만 년 전   20만 년 전   1만 년 전
                                              현재

350만 년 전부터, 우리 역사는 사바나와 밀접하게 연관된다.
이것은 몇몇 주요 단계다.

고, 오랫동안 다른 개체군으로부터 유전적으로 고립된 상태에 있었다고 생각해왔다. 그러나 최근의 연구들에서는 피그미족이 아주 오래되고 아직 밝혀지지 않은 다른 인류 개체군에서 유래한 게놈 조각들을 오늘날에도 여전히 지닌다는 사실을 밝혀냈다. 교잡(유전적 조성이 다른 두 개체 사이의 교배—옮긴이)의 순간에 앞서 말한 신비로운 개체군은, 피그미족과는 유전적으로 너무도 다르므로, 아마도 또 다른 사람종이었을 수도 있다. 약 4만 년 전 피그미족은 어떤 화석 흔적도 남아 있지 않은, 이 옛날 옛적의 개체군과 타가수정(이종 계통 간의 수정—옮긴이)을 했을 것이다. 그리고 이 베일에 싸인 개체군은 땅 위에 자신의 표시를 남기지 못했던 까닭으로, 피그미족의 게놈에만 흔적을 남긴다. 피그미족이 특별한 사례인 것은 아니다. 인류 개체군과 다른 사람종을 포함하는, 적어도 두 가지가 교잡한 사례가 바이오해커bio-hacker(전문 연구 기관에 속하지 않은 채 생명과학 연구 활동을 하는 사람—옮긴이)들의 광범위한 연구와 오래전 DNA에 관한 연구를 통해 밝혀졌다. 가장 많은 이야깃거리를 만들어낸 것은 단연 사피엔스와 네안데르탈인 사이의 교잡이다. 오늘날 우리는 모든 비아프리카계 인간(조상이 7만 년 전 아프리카를 떠났던 인류)의 유전자 중 평균 3퍼센트가 사실 네안데르탈인에서 나온 유전자였다는 것을 안다. 이런 교잡 이야기들은 전혀 하찮은 것이 아니다. 사라진 이 사촌들이 준 수많은 유전자가 오늘날 강력한 선택 아래 있기 때문이다. 다시 말해, 이들은 우리가 생존하고자 의존하는 쓸모 있는 유전자라는 뜻이다. 어떤 것들은 면역 유전자고, 다른 것들은 자외선 저항과 관련한 것이고, 또 다른 것들은 머리카락과 피부를 구성하는 단백질인 케라틴과 관련한 것이다. 결국 동남아시아와 오세아니아에 사는 많은 인구에게 자신의 게놈에 또 다른 사람종의 구성원인 데니소바Denisova인에서 유래한 유전자가 6퍼센트까지 있는 것이다. 사라진 이 사촌들에 대해서는 아직 알려진 것이 거의 없지만, 한 가지 사실은 기억해야 한다. 우리의 과거는 잡종이다.

초기의 인간들이 아프리카를 떠나기 훨씬 전부터 일부 인류 개체군이 살았던 사바나로 돌아와보자. 산San족은 적어도 15만 년 전부터 다른 인류 개체군으로부터 갈라져나왔다. 앨런 패리의 Y염색체가 발견되기 전까지 사람들은 오랫동안 산족이 지구에서 가장 오래된 인류 개체군을 대표한다고 생각해왔다. 산족은 오늘날 아프리카 남부, 주로 보츠와나의 건조한 지역에 사는 수렵·채집가다. 1980년에 개봉한 영화 〈부시맨The Gods Must Be Crazy〉에서 이들을 찾아볼 수 있다. 이 영화에서 무리의 구성원 중 한 사람이 비행기 조종사가 던진 코카콜라 병을 처음으로 발견하고는 그 물건을 세상의 끝 너머로 사라지게 하려는 임무를 맡고 떠난다. 이들 인류 개체군은 건조한 생태계에 대해 아주 깊이 알고, 매우 정밀한 자연주의적 지식이 있다. 예를 들어, 이들은 긴 사냥 여행을 떠나는 동안 천연 식욕감퇴제인 후디아고르도니Hoodia gordonii라는 이름의 식물을 먹는다. 또한 이들은 풍뎅이 유충에서 뽑아낸, 주로 일런드영양Eland 또는 힙포트라구스Hippotragus속 영양과 같이, 풍뎅이를 사냥하는 동물의 근육을 조금씩 마비되게 하는 디앰포톡신diamphotoxin이라는 독소에 자신들의 화살을 적신다. 산족과 아프리카 동물상 사이의 친밀한 관계를 묘사하는 장면들은 2만 년

수렵·채집가인 코이산khoisan족이 그린 남아공(드라켄즈버그Drakensberg)의
이 동굴벽화가 증명하듯, 인간은 늘 아프리카의 동물상을 사냥해왔다.

전부터 아프리카 남부 전역의 바위에 그려졌다. 어떤 그림들은 아마
도 샤머니즘 의식을 표현한, 반인반수로 변신하는 장면도 보여준다.
이런 장면들은 대륙의 다른 쪽 끝인 현재의 사하라 중앙에도 그려져
있다. 이곳은 7500년 전에는 풀이 무성하던 광활한 평야가 펼쳐지고,
많은 초식동물이 지나던 곳이다. 물소, 영양 그리고 기린은 구석기시
대에 사하라에서 번성했는데, 황토로 그려지고 바위에 새겨졌다.

　사바나와 인간의 이러한 친밀한 관계는 인간이 이들 생태계를 아
주 강력하게 바꾸어놓은 역사적 시기까지 이어졌다. 예컨대 서아프리

카의 사바나는 자연적인 풍경인 것처럼 보이지만 실제로는, 특히 서아프리카에서 동아프리카까지 펼쳐지는 지대가 아프리카 농업의 초기 형태가 태어난 장소로, 인간이 매우 강력히 바꾸어놓았다. 사람들은 수수·조를 경작한다. 에티오피아에서는, 오늘날까지도 대중에게 잘 알려지지 않았지만, 에티오피아 사람들이 날마다 먹는 테프teff·손가락조eleusine·코라리마korarima 같은 식물을 재배한다. 서아프리카와 사헬에서는 이미 4000년 전에 사람들이 풍경을 바꾸었다. 이들 지역의 인구는 사실 불을 사용하고, 원치 않는 종들을 제거하고자 나무를 자르고, 자신들의 경작지를 확대하며, 특정한 몇몇 나무(시어버터나무·아프리카 로커스트 콩나무)가 생장하기에 유리하게 하고, 이 지역의 초식동물(영양·기린)도 육식동물(사자·하이에나)처럼 내쫓았다.

우리와 사바나의 연관성은 과거에만 국한한 일이 아니다. 적어도 세계 대륙의 3분의 1이 사막으로 변할지도 모를 사바나 또는 건조한 초원(14장 참조)이며, 10억에서 20억 명의 사람이 여기에 직접 종속되어 있다. 인간은 종종 자연 생태계에 발생하는 문제의 근원으로 여겨진다. 사실 이러한 사막화는 인간 활동에서 그 뿌리를 찾을 수 있다. 피고인석에 앉은 우리는 대기 중 이산화탄소 농도 증가에서 일부 기인한 기후 온난화, 미국에서 있었던 1930년대의 더스트볼 이야기와 같은 농경지의 과도한 개발을 다시 마주한다. 마찬가지로 약 5만 5000년 전에 호주 덤불에서 최초로 인간이 출현한 것은 5000만 년 전부터 그곳에서 완벽한 고립 상태로 살아오던, 가끔은 디프로토돈Diprotodon처럼 거대하던, 수많은 유대류(코알라·캥거루·주머니쥐 등 주로 호주에 많이

133

사는 포유류의 한 갈래, 대부분 암컷의 배에 주머니가 있어 그 속에서 새끼를 키움—옮긴이) 동물이 소멸한 것과 시기가 맞아떨어졌다.

19세기와 20세기 사이 생태학자들은 이런 사태에 반응할 때, 대체로 인간과 이 지역에서의 인간 활동을 배제함으로써 자연 고립 지역을 보호하자고 제안했다. 이 지역들을 관리할 공원과 (대개 군대에서 유래한) 기관 들을 설립하고, 예전에 살았던 개체군들이 공원 안으로 이주하게 했다. 그리고 정부와 자연보호 기관 들은 이들 지역에서 문제가 되는 것을 없앴다. 바로 인간이다. 짐바브웨에서는 1920년대에 황게국립공원을 설립하면서 그곳에 살던 인구의 이주를 초래했는데, 이들은 가장자리의 덜 비옥한 땅으로 밀려났다. 어떤 연구자들은 아프리카에서만 1,400만 명의 사람이 이런 국립공원을 설립하느라 이주되었다고 추산했다.

'자연'과 인간 사이에는 융합할 수 없는 분열이 존재하며, 후자는 전자의 생존과 양립할 수 없다고 판단하는 생각이 보편적이다. 20세기 내내 보호 정책의 근거가 된 이런 관점은, 현재 인간이 생물 다양성이 풍부한 서식지에서도 그들을 파괴하지 않으면서 살아갈 수 있다는, 대안적 관점이 제시되어 흔들리고 있다. 먼저, 많은 인류 문화 안에 존재하는 '전통 생태계 관련 지식'을 재인식하는 과정이 있었다. 생물 다양성이 우수한 환경에서 살아가는 사회에서는 너무 과도한 생태학적 지식의 축적이 종종 나타났다. 그다음으로 다수의 역사 및 고고학 연구는 또한 우리가 근본적으로 자연적인 것으로 생각했던 많은 생태계가 실제로는 1000년 동안 인간과 상호작용해온 결과라는 사실을 밝혔다. 그 사례 중에는 서아프리카의 여러 사바나도 있지만 아마존 숲의 중요한 부분인, 지금까지 원시림으로 여겨진, 아프리카 적도림도 있다. 마지막으로, 폐쇄적이고 모든 인간 활동에 적대적인 공원 설립 방식은 그 유효성을 잃었다. 오늘날에는 해당 지역 인구도 멸종 위기종들을 보존하는 데 포함하는 것이 중요하다. 그렇게 하면, 덜 불공정한 보존이 될 뿐만 아니라 더욱 효과적이다!

인간의 식량 생산과, 다양성이 우수한 생태계가 양립하도록 시도하는 일이 점점 더 늘어나고 있다. 숲의 모습을 한 나무들 아래에서 농작물을 자라게 하는 산림농업이나, 짐바브웨 출신의 농학자 앨런 새이버리Allan Savory가 개발한 혁신적 사육 기술의 집합체 '전체론적 관리holistic management'를 예로 들어보자. 이 방법들은 가축 활동의 도움으로 황량한 땅이 다시 초록빛이 되게 할 수 있고, 사막 확대에 맞서는 데 유망할 뿐만 아니라, 지역 인구를 위한 식자재를 공급해줄 수도 있다. 자연과 문화 간의 모순을 넘어, 다른 다양한 종들이 차지한 환경 안으로 인간 개체군이 다시 들어가게 하려는 많은 프로젝트를 시도하고 있다.

사바나는 우리 인류와 다른 종들 사이에 존재하는 다양한 상호작용을 숙고해보기에 특별히 적합한 생태계다. 우리가 그곳에서 오랫동안 살았을 뿐 아니라, 거기에서 현재 일어나는 사막화는 우리에게 중대한 환경적 도전이기 때문이다. 따라서 이 상황에 가장 적절한 해답은 우리의 책임을 받아들이고, 우리가 우리 집을 지키듯이 이 사바나를 지키는 것일 수도 있다. 사실 그곳은 오랫동안 우리 집이기도 했다!

부록

보호구역: 성격과 자동차

    찌그러진 랜드크루져Land cruiser(일본 도요타사에서 생산한 사륜구동 자동차—옮긴이) 한 대가 길에서 벗어나 한 무리의 얼룩말을 향해 앞으로 나아간다. 수컷 한 마리와 암컷 네 마리는 귀를 세우고 시선을 고정한 채, 마른 풀을 짓밟으며 오는 자동차를 주의 깊게 바라본다. 그중 한 마리 말이 자기 기준에 비추어 자동차가 너무 가깝게 다가왔다고 판단하면, 그 말은 떠나기로 마음먹고, 무리의 나머지 구성원들도 그를 따른다.

    랜드크루져는 서로 다른 얼룩말 무리와 하루 동안 이런 동작을 여러 차례 반복했다. 시나리오는 늘 거의 똑같다. 앞으로 다가가기, 얼룩말 중 한 마리가 불쾌해하기, 무리 전체의 이동. 몇몇 섬세한 변화만이 이런 단조로움을 깨뜨릴 뿐이다. 가끔 수컷이 자동차의 위협을 면밀히 관찰하러 오기도 하고, 가끔 무리가 빠르게 떠나기도 하며, 가끔은 아무도 움직이지 않아서 자동차가 너무 졸린 듯한 개체와 접촉하기 조금 전에 멈춰야 할 때도 있다.

    몇 달 동안, 나는 짐바브웨 황게국립공원의 먼지 덮인 좁은 길을 활보했던 이 낡은 자동차의 운전자였다. 내 일은 자신들의 자연 서식

137

지에 사는 평야의 얼룩말들을 관찰하고, 가끔 아주 조금씩 그들을 귀찮게 하는 것이었다. 목적은 얼룩말이 성격이 있는지 없는지 발견하는 것, 다시 말해 이 종의 개체들 사이에서 반복되는 행동의 차이가 있는지를 알아내는 것이었다. 달리 말하자면, 내 작업은 어떤 개체가 다른 어떤 개체보다 더 주기적으로 스트레스를 받는지, 아니면 어떤 개체가 무리 안에서 다른 어떤 개체보다 더 많은 결정을 내리는 경향이 있는지를 될 수 있으면 아주 다양한 상황에서 알아보는 것이었다.

동물의 성격은 많은 동물에게 성격이 있다는 발견과 함께 10여 년 전에 부상한 연구 주제로, 그 사례는 몇몇 종의 거미에서 코끼리바다표범에까지 이른다. 처음에는 상대적으로 지엽적인 문제인 것 같았던 성격이 동물의 진화와 생태에 중대한 영향을 미친다는 사실이 매우 빠르게 밝혀졌다. 이러한 상이한 행동들 덕분에 몇 년 만에 우리는 수많은 현상을 설명할 수 있게 되었다. 일부 종의 사회관계망은 어떻게 기능할까? 무리 구성원의 성격에 따라 조직된다! 새로운 세계의 식민지화? 가장 덜 경솔한 개체에게 달렸다! 성적 동반자 선택? 수컷과 암컷의 성격에 일부 기초한다!

2011년 11월, 나는 이러한 논문 데이터베이스를 전혀 알지 못한 채 석사과정을 위한 연구 실습 자리를 찾고 있었다. 미래의 내 실습 스승이 될 시몽 샤마예Simon Chamaillé의 사무실 문을 열고 들어갔는데, 샤마예가 자주 외국 '현장'을 돈다는 이야기를 들었기 때문이다. 그것이 완전히 내 마음을 사로잡았었다. 정말 솔직하게 말하면, 난 이국적인 고장으로 여행할 수만 있다면 그 어떤 주제라도 일할 준비가 되어 있었다. 사마예는 내게 얼룩말의 성격을 주제로 제안했다. 그가 말한 표현을 그대로 따르면 "어쩌면, 아마도, 잠정적으로, 하지만 확실치는 않지만 짐바브웨에서 실험을 수행해야" 할 수도 있었다. 내 마음을 사로잡는 데 그 이상의 무언가는 필요하지 않았다. 따라서 나는 피의 서명도 할 준비가 되어 있었다. 내가 했던 일은, 은유적으로 말해서, 프랑스의 한 연구실에서 몇 시간씩 얼룩말을 촬영한 비디오의 껍질을 벗기는 것으로 시작됐다. 6개월 동안.

연구소에 도착하는 길은 미래 몇 달간 짐바브웨의 생활을 예언하는 것과도 같았다. 몇 시간에 걸친 이동 후, 시속 100킬로미터 이상으로 달리다가 트럭의 바퀴가 도로 위에서 갑자기 터져버렸다. 연구소를 나서는 것도 비슷했다. 단 몇 킬로미터 만에 엔진의 타이밍벨트가 끊어지면서 엔진이 망가졌다. 겨우 집에 돌아오고 난 뒤, 시동을 걸 배터리가 바닥 난 내 트럭을 밀어주려고 시몽이 와야 했다. 이런 몇몇 기계적이고도 돌발적인 사건 때문에 내 실습 스승은 내가 현장으로 갈 준비가 완벽히 되었다고 믿게 되었다. 나를 기다릴 고장 난 차량이 있는 현장으로 말이다. 1년 반 후, 드디어 나는 얼룩말들을 향해 운전하게 되었다. 분명 내가 태어나기도 전에 세상의 빛을 본 사륜구동 자동차를 타고서 말이다.

사람들이 내게 현지에서 한 연구의 성격을 물을 때면, 나는 대체로 현실을 단순화하는 경향이 있었다. 얼룩말 위를 달리면서 시간을 보냈다고 설명하거나(이 문장이 불러오는 반응들을 즐기면서 말이다), 아니면 말들을 열심히 관찰하며 그들의 행동을 이해하려 했다고

보호구역: 성격과 자동차

빠르게 설명했다(현장에 있는 자연주의자들의 대중적 시각과 더욱 잘 들어맞는다). 진짜 이유는 더욱 재미있는 것이었지만 더 많이 설명해야만 했다. 사실 나는 얼룩말의 줄무늬가 그들의 성격을 나타내는지 알아보고자 했다.

동물의 몸에 행동을 나타내는 표지가 있다는 것은 매우 잘 알려진 과학적 사실이다. 이는 이미 진화생물학의 시초부터 발견한 것이다. 예를 들어, 라텔은 아주 두드러지는 흑백의 색깔로 그들의 비범한 공격성을 알리는데, 이는 오소리나 스컹크처럼 온건한 환경에 사는 아주 많은 종에서도 발견할 수 있는 현상이다. 앨프리드 러셀 월리스 Alfred Russel Wallace가 발견한 이런 적응 현상을 경계색이라 부른다. 경계색은 이 표시가 있는 종의 기분을 한눈에 알려주는 매우 광범위한 신호 계열에 속한다.

20세기 말 '종에 관한' 생물학에서 '개체에 관한' 생물학으로 변화해갈 때, 연구자들은 털·깃털 그리고 다른 표피성 기관의 색깔에 정말로 변화의 폭이 광범위하고, 이것은 같은 개체군의 대표들 사이에서 그렇다는 사실을 깨달았다. 이어서 이들은 이러한 변화의 폭이 종종 행동의 변동과도 연결된다는 사실을, 다시 말해 같은 종 안에서 특정한 성격을 가진 개체는 특정한 색을 띠는 경향이 있다는 사실을 깨달았다.

이러한 상관관계의 유전적 기원은 사실 아주 단순하다. 일부 종에서는 대부분 포유동물에서 털의 색을 책임지는, 즉 멜라닌 색소 생성을 담당하는 유전자가 스트레스 조절·스테로이드호르몬 제조·염

중 반응·에너지 소비 등의 다른 기능도 돌본다. 유전자가 발현하면 다양한 행동적·형태학적 특징을 나타내는데, 이들은 마치 한 덩어리처럼 모두 서로 연결된다. 이것을 바로 우리가 다면발현 유전자라고 부른다. 이 유전자는 이를 지닌 개체들에게 다양하고 많은 영향을 미치며, 특정한 하나의 영향을 끼치고자 이 유전자가 선택될 때 나머지 영향들도 따라오게 된다.

이 현상의 유전적 근거를 발견하는 일은 이 주제와 관련한 수많은 작업을 시작하게 했다. 바로 그렇게 우리는 검은머리방울새가 자신의 환경을 탐험하는 능력을 예측하려면 이들의 가슴 부분(목 아래 작은 검은색 점) 크기만 살펴보면 되고, 황조롱이의 공격성을 알려면 꼬리에 있는 검은색 띠의 넓이를 살펴보기만 해도 충분하다는 사실을 깨달았다.

사바나에서 갈기가 가장 어두운 색깔인 사자가 테스토스테론이 제일 많고, 다른 사자들보다 더 공격적이라는 것은 확실한 사실이다 (12장 참조). 하지만 이 현상에서 존재하는 그 밖의 많은 부분은 여전히 연구되지 않았다. 그래서 시몽과 나 역시도 얼룩말이 성격이 있는지 그리고 혹시 이러한 불확실한 성격의 존재가 줄무늬와 어떤 관계라도 있을지를 정말로 알아보고 싶었다. 얼룩말 줄무늬의 진화적 기원은 여전히 수수께끼로 둘러싸여 있지만(4장 참조), 그것은 전혀 우리가 대답하려고 했던 바가 아니었다. 멜라닌 색소가 몇몇 종의 행동과 상관관계가 높은 경향이 있다는 확인된 사실에 기초해서, 우리는 단지 이것이 얼룩말에게도 적용되는지 아닌지를 알고 싶었을 뿐이다. 달리

보호구역: 성격과 자동차

말하면, 줄무늬가 없는 동물 피부에 있는 '검은색'의 총량이 우리의 관심을 끌었던 동기가 된 것이다.

그래서 "가장 얇은 줄무늬가 있는 개체가 가장 소심할까?"라는 질문에 답하고자, 나는 단호하게 얼룩말의 무리 쪽으로 차를 몰았다. 동물의 무모함을 측정할 때 꽤 일반적으로 사용하는 지표인 동요에 대한 그들의 인내심을 측정하고자 한 것이다.

내 일상은 얼룩말의 단조로운 생활 방식에 박자가 맞춰졌었고, 다음과 같이 요약할 수 있다. 아침이 끝날 무렵 사륜구동 자동차에 오른다, 공원으로 향한다, 공원의 친절한 관리인에게 목례한다, 얼룩말을 확실히 봤던 장소 중 한 군데로 간다, 얼룩말을 못 찾는다, 다른 장소로 간다, 얼룩말을 찾아낸다, 카메라를 꺼낸다, 얼룩말들이 먹거나 마시는 동안 컴퓨터로 만화를 보면서 몇 분 동안 그들을 촬영한다, 그들 쪽으로 달리며 실험하고 망치고 반복한다.

몇 달 후, 이 실험은 나를 바꿔놓았다. 난 내 사륜구동 자동차와 강력한 애증의 관계를 맺었고, 만화 컬렉션도 동이 났으며, 족히 100마리는 되는 얼룩말의 일과에 대해 알아야 할 모든 것을 알게 되었고, 가슴 부분 줄무늬로 그들을 개별적으로 구분할 수 있었다. 이름없는 이들에게 유명한 생물학자들의 이름을 딴 가명을 붙여주거나("안녕, 해밀턴! 안녕, 허벨!") 내 눈에는 착해 보이는 다른 인물들의 이름을 딴 가명을 붙여주었다("이봐 마수드Massoud[아프가니스탄의 이슬람주의 운동가, 군인, 군벌, 정치·군사 지도자―옮긴이], 여전히 바투타Battuta[중세 아랍의 여행가, 탐험가―옮긴이]랑 지내?)". 나는 만삭인 어미가 갑자기 새로운 망아지와 함께 있는 것을 보았다. 나는 갓 태어난 망아지가 사라지는 것을 보았다. 나는 끔찍한 상처가 생긴 얼룩말이 후유증으로 줄무늬 위에 작은 흉터만이 남은 채 회복하는 것을 보았다. 나는 믿을 수 없는 동물의 광경들을 목격하는 행운을 잡았다. 나는 지루했다. 나는 사냥 중인 사자 무리에서 10여 미터 떨어진, 총총한 별 밑에서 잠자는 불운을 겪었다. 나는 망가진 차라도 있었던 덕분에 그날 밤 그 안에서 잠을 잘 수 있는 행운이 따랐다.

최종적인 통계 분석은 얼룩말들은 그들의 행동이 서로 크게 다르지 않다는, 다시 말해 그들은 성격이 없다는 사실을 스스로 보여주는 것으로 끝났다. 털에 숨겨진 행동의 표지 또한 없었다. 아마도 얼룩말은 자신의 생존에 알맞도록 섬세하게 최적화한 행동에서 조금이라도 일탈하기에는 너무 위험한 환경에 살아서 그럴 수도 있다. 아마도 매우 밀접한 그들의 사회조직이 개별적인 차이의 발달을 막는 것일 수도 있다. 아니면 그냥 단순히 그 표지를 파악하려면 현장에서 더 많은 개월 수를 보내야 하는 건지도 모르겠다.

어쨌든 이 경험은 경이로웠다. 사바나 또는 이 책에 소개한 과학 주제들에 마음이 끌린 모든 독자에게 그곳에 가서 비슷한 경험을 해볼 것을 권한다.

다만 한 가지 조건은 필수적이다. 자동차 정비 수업을 들으시라. 유용할 것이다.

더 읽을거리

1. 암컷 하이에나의 페니스

● 인간 배아 발달의 타임라인:
http://php.med.unsw.edu.au/embryology/index.php?title=Timeline_human_development

● 하이에나 번식 행위의 복합성에 관한 과학 논문:
Szykman,m.,et al., "Courtship and mating in free-living spotted hyenas", *Behaviour*, 144.7, 2007, p.815-846.

● 그리고 암컷 하이에나의 가페니스 역할에 대한 다양한 논거를 검토한 논문:
Muller, M., Wrangham, R., "Sexual mimicry in hyenas", *The Quarterly Review of Biology*, 77/1, 200, p.3-16.

● 암컷 솟과에 있는 뿔의 진화에 관한 과학 논문:
Stankowich, T., Cargo, T., "Evolution of weaponry in female bovids", *Proceedings of the Royal Society B: Biological Sciences*, doi: 10.1098/rspb, 2009, p.1256.

2. 기린의 일격

● 기린 목의 크기에 성 선택이 주요한 영향력을 행사한다고 제안하며 모두를 충격에 빠뜨린 과학 논문:
Simmons, R., Scheepers,L., "Winning by a neck: sexual selection in the evolution of giraffe", *The American Naturalist*, 1996.

● 니제르 기린의 네킹으로 인한 사망률은 쉬로J. P.Suraud의 박사 논문에서 연구되었다:
Suraud, J. P., "Identifier les contraintes pour la conservation des dernières girafes de l'Afrique de l'Ouest: Déterminants de la dynamique de la population et patron d'occupation spatiale", Université Claude Bernard-Lyon I, 2011.

● 하지만 기린 수컷의 더 긴 목처럼, 성 선택 가설의 예측은 확인되지 않았다:

Mitchell, Graham, et al., "Growth patterns and masses of the heads and necks of male and female giraffes", *Journal of Zoology*, 290.1, 2013, p.49-57.

● 그리고 모든 사람의 의견이 일치하게 한 과학 논문:
Cameron, E. Z., du Toit, J. T., "Winning by a neck: tall giraffes avoid competing with shorter browsers", *The American Naturalist*, 2007.

● 기린 전문 생물학자들을 분열시킨 논란을 역사적 관점에서 보려면, 영어로 된 이 짧은 문서가 있다:
http://natureinstitute.org/pub/ic/ic10/giraffe.htm

● 하지만 특히 이 과학 논문이 논란과 가설 들을 아주 잘 요약해놓았다:
Wilkinson, David M., Ruxton, Graeme D., "Understanding selection for long necks in different taxa", *Biological Reviews*, 87.3, 2012, 616-630.

● 그리고 프랑스어로 된 이 블로그의 글도:
http://ssaft.com/Blog/dotclear/index.php?post/2012/03/07/Sexe%2C-cous-et-Sauropodes

3. 가젤은 주사위를 던진다

● 알랭 파베의 이 책을 읽지 않았다면 이 글을 쓰기는 불가능했을 것이다:
La Course de la gazelle, biologie et écologie à l'épreuve du hasard, EDP Sciences, 2011. 이 책에서는 이 장에서도 인용한 몇몇 생태학적·행동학적·부분적인 사례를 다루고, 특히 '생물학적 룰렛'의 개념을 발전시킨다. 나는 프랑스앵테르France Inter의 라테트오카레La tête au carré 프로그램에서 이 책을 발견했는데, 내용을 아주 잘 소개해놓았다. 다음 주소에서 다시 들을 수 있다.
http://www.franceinter.fr/emission-la-tete-au-carre-la-vie-a-l-epreuve-du-hasard

● 프로테우스의 행동에 관한 역사책은 1988년부터 출간되었다:
Driver, P. M., Humphries, D. A., *Protean Behaviour*, Oxford, Clarendon Press, 1988.

● 초파리의 눈은 수많은 다른 사례 중 하나일 뿐이고, 감각 계통에는 예측할 수 없는 과정이 많이 있다. 이 주제와 관련한 훌륭한 대중화 논문을 클로드 데플랑Claude Desplan이 썼다:

Desplan, C., "Les sens au gré du hasard", *Pour la Science*, n° 385, 2009.

● 과학자를 대상으로 하는 또 다른 흥미로운 통합 논문은 이것이다:
Losick, R., Desplan, C., "Stochasticity and cell fate", *Science*, 320(5782), 2008, p.65-68.

● 진화 중인 우연성의 근거에 관한 총론은 다음 논문에서 찾아볼 수도 있다: Malaterre, C., Merlin, F., "La part d'aléatoire dans l'évolution. Hasard et incertitudes", *Pour la Science*, n° 385, 2009.

● 이 멋진 영상은 입자의 상태에 대한 관찰자의 중요성을 아주 잘 설명한다:
http://www.youtube.com/watch?v=Cow-gGcrbLE

● 양자물리학과 생물학 사이의 연관성을 다룬 공동 저서가 출판되었다:
Abbott, D. (éd), *Quantum Aspects of Life*, World Scientific Publishing, 2008.

● 다음은 생존에서 우연성의 중요성을 보여주는 또 다른 예다:

세포의 우연성

생물학은 진화 과정 중 우연에 중요한 위치를 부여하는 통계 과학이다. 물론 파괴적이긴 하지만 다양성을 낳기도 하는, 대표적으로 예측할 수 없는 사건인 대량 멸종 이야기의 중요성을 언급할 수 있다. 그러나 '우연성의 개념적 혁신'은 오히려 보이지 않는 단계와 연관이 있는 것 같다. 세포 안의 분자 수준 말이다.

'확률적인'(예측 불가능의 동의어) 과정들이 우리 세포 안에서 역시 이루어진다. 단백질 생성은 'X유전자 해독 - X의 생성' 도식에 따라 단백질 유전 정보가 있는 유전자들의 해독에 달렸다. 사람들은 오랫동안 세포를 기름이 잘 쳐진 기계장치와 비슷하다고 생각해왔다. 필요한 모든 정보(DNA)가 담긴 '책' 한 권을 가지고, 열성적인 독자들(이 DNA를 읽는 단백질들)이 작은 조립 장인(리보솜)들을 위해 메모(RNA)하고, 그 조립 장인들은 이 메모를 읽고 요구된 단백질을 만들어낸다. 유전자 발현의 계통적 시각을 설명하려고 사람들은 가끔 유전적 결정론을 이야기했다. 각각의 유전자는 특수한 단백질 하나를 만들어내고, 이 엄격한 역학 속에서 우연성은 방해자의 역할만을 할 뿐이다. 바로 신호를 방해하는 '잡음'인 것이다. 유전자 발현에 대한 최근의 발견들은 세포의 이런 작용 모델을 반박한다. 사실 이것은 섬세하게 조정된 기계라기보다는 ('브라운 운동[액체나 기체 안에서 떠서 움직이는 미소微小 입자

또는 미소 물체의 불규칙한 운동—옮긴이]'이라 할 만한 경로로 움직이면서) 열역
학 운동에 놓인 분자들이 끊임없는 끓어오르는 것이다. 이러한 예측할 수 없는 상호
작용들은 '순서'를 지키며 만들어낸 선택의 과정에 놓인다. 더 자세한 내용은 장자크
퀴피에크Jean-Jacques Kupiec가 이 주제에 대한 자신의 견해를 기술한 여러 권의
책에서 찾아볼 수 있다. 이 연구자의 회담 내용은 다음에서 확인할 수 있다:
http://www.agoravox.fr/actualites/technologies/article/le-chercheur-jean-
jacques-kupiec-48970

4. 얼룩말은 왜 줄무늬가 있을까?

● 전체 가설을 요약한 논문:
Ruxton, G. D., "The possible fitness benefits of striped coat coloration for zebra",
Mammal Review 32, 2002, p.237-244.

● 파리를 막으려는 적응 현상으로 줄무늬를 연구한 논문:
Egri, A., et al., "Polarotactic tabanids find striped patterns with brightness and/or
polarization modulation least attractive: an advantage of zebra stripes", *The Journal
of Experimental Biology*, 215, 2012, p.736-745.

● 체체파리를 줄무늬 기원의 선택압으로 설명하는 가장 오래된 논문:
Harris, R. H. T. P., "Report on the Bionomics of the Tsetse Fly", Provincial
Administration of Natal, Pietermaritzburg, South Africa, 1930.

● 지리적 분석에서 출발해 파리의 가설을 확인하게 해주는 아주 최근의 논문:
Caro, T., Izzo, A., Reiner Jr, R. C., Walker, H., Stankowich, T., "The function of
zebra stripes", *Nature Communications*, 5, 2014.

● 줄무늬로 유발되는 착시에 대한 최근 논문:
How, M. J., Zanker, J. M., "Motion camouflage induced by zebra stripes", *Zoology*, 2013.

● 그리고 로켓포를 피하고자 군용차에 줄무늬를 그리라는 제안:
Stevens, M., Searle, W. T. L., Seymour, J. E., Marshall, K. L., Ruxton, G. D., "Motion
dazzle and camouflage as distinct anti-predator défenses", *BMC Biology*, 9(1), 2011, p.81.

● 얼룩말의 줄무늬가 동물을 시원하게 해주는 공기의 변동을 만들어낼 수도 있다는 발상에 대한 첫번째 언급은 이 책에 나온다:

Morris, D., *Animal Watching. A Field Guide to Animal Behaviour*, Jonathan Cape, London, UK, 1990.

● 이런 혼란을 시류에 맞게 재해석한 2015년의 연구:

Larison, B., Harrigan, R. J., Thomassen, H. A., Rubenstein, D. I., Chan-Golston, A. M., Li, E., Smith, T. B., "How the zebra got its stripes: a problem with too many solutions", *Royal Society Open Sceince*, 2(1), 2015.

5. 파이프오르간을 연주하는 흰개미의 미스터리

● 더 자세한 사항은, 훌륭하고 교육적인 스콧 터너Scott Turner의 사이트 참조:
http://www.esf.edu/efb/turner/termitePages/termitesMain.html

● 또한 흰개미의 생태적 영향에 관한 논문도 참조:

Pringle, R. M., Doak, D. F., Brody, A. K., Jocuqué, R., Palmer, T. M., "Spatial Pattern Enchances Ecosystem Functioning in an African Savanna", *PLoS Biology*, 8(5), 2010.

● 이 웹사이트에서는 흰개미집의 내부도 방문할 수 있다:
http://www.mesomorph.org/

6. 임팔라의 파도타기

● 이 주제에 관한 아주 훌륭한 개관, 집단행동의 교황인 스텀퍼D. J. T Stumper의 「집단적 동물 행동의 원칙」. 단 하나의 글만 읽어야 한다면, 이 글일 것이다.

Stumper, D. J. T, "The principles of collective animal behaviour", *Philosophical Transactions of the Royal Society B: Biological Sciences*, 361.1465, 2006, p.5-22.

● 또한 집단행동의 자기 조직화에 관한 다른 과학 논문들:

- Couzin, I.D., Krause J., James, R., Ruxton, G.D., Franks, N. R., "Collective memory and spatial sorting in animal groups", *Journal of Theorical Biology*, 218, 2002, p.1-11.
- Helbing, D., Farkas, I., Vicsek, T., "Simulating dynamical features of escape

panic", *Nature*, 407, 2000, p. 487-490.

- Kuramoto Y., *Chemical Oscillations. Waves and Turbulence*, Springer, 1984.
- Néda, Z., Ravasz, E., Brechet, Y., Vicsek, T., Barabási, A. L., "The sound of many hands clapping", *Nature*, 403(6772), 2000, p. 849-850.
- Pays, O., et al., "Prey synchronize their vigilant behaviour with other group members", *Proceeding of the Royal Society B: Biological Sciences*, 274.1615, 2007, p. 1287-1291.

7. 코끼리의 독재, 물소의 민주주의

● 동물 무리의 의사 결정과 관련한 주제에 관심이 있다면, 여기 훌륭한 요약본이 있다:
Conradt, L., Timothy, J.R., "Consensus decision making in animals", *Trends in Ecology & Evolution*, 20(8), 2005.

● 나는 한 정치학 연구자가 쓴 이 짧은 간행물도 좋아했다:
List, C., "Democracy in animal groups: a political science perspective", *Trends in Ecology & Evolution*, 19(4), 2004, p. 166-168.

● 군중의 지혜에 대해서는 콜레주드프랑스Collège de France(프랑스의 고등교육 및 연구 기관—옮긴이)의 이 강연이 있음:
http://www.canalu.tv/video/college_de_france/microfoundations_of_collective_wisdom.4046

● 그리고 스콧 페이지의 이 책도 있다:
Page, Scott E., *The Difference: How the Power of Diversity Creates Better Groups, Firms, Schools, and Societies*, Princeton University Press, 2007.

● 물소의 투표 관련:
Prins, H. H. T., *Ecology and Behaviour of the African Buffalo*, Chapman & Hall, 1996.

● 할머니 코끼리 관련:
McComb, K., Shannon, G., Durant, S. M., Sayialel, K., Slotow, R., Poole, J., Moss, C., "Leadership in elephants: the adaptive value of age", *Proceeding of the Royal Society B: Biological Sciences*, 278(1722), 2011, p. 3270-3276.

● 만약 한쪽은 개체마다 욕구에 차이가 있고, 다른 쪽은 무리의 응집력을 보존하려는 욕구가 강할 때 우두머리의 출현을 설명하는 아주 단순한 모델 관련:
Rands, S., Cowlishaw, G., Pettifor, R., "Spontaneous emergence of leaders and followers in foraging pairs", *Nature*, 423, 2003, p.0-2.

군중의 다양성에 따라 군중의 정확성이 어떻게 높아지는지를 이해하고자, 예측의 다양성에 관한 정리를 다음과 같이 설명한다.

예측의 다양성

예측의 다양성 정리는 단순한 통계 문제다. 단련된 통계학자들에게 이것은 '단지', 우리가 위키피디아에서 논거를 찾아볼 수 있는, 편차·분산 트레이드오프trade off(어떤 것을 얻으려면 반드시 다른 것을 희생해야 하는 경제 관계—옮긴이)의 직접적이고 명확한 재표명일 뿐이라는 것을 알아야 한다. 일반인에게 가장 좋은 것은 이것이 작동한다는 것을 '느끼는 것'이다. 그러려면 시장에 가야 한다.

커플인 두 사람(쥘리와 앙투안)이 세 가지 다른 채소의 무게를 추정하면서 말다툼했다고 가정해보자. 명예가 걸린 문제! 어떻게 그들 공동의 판단이 개별적 판단보다 더 효과적인지 한번 살펴보자.

실제로 당근은 6킬로그램, 가지는 5킬로그램 그리고 감자는 1킬로그램의 무게가 나간다. 이 두 사람이 추정하고자 하는 것은 절댓값이다.

당근을 쥘리는 6킬로그램, 앙투안은 10킬로그램으로 추정했다.

가지는 3킬로그램과 7킬로그램.

감자는 5킬로그램과 1킬로그램.

우리는 쥘리가 감자의 무게를 4킬로그램이나 틀렸다는 사실을 알 수 있다. 옆의 표에 모든 게 요약되어 있다. 채소별로 참가자들의 추청 평균을 계산할 수 있는데, 이것이 이들의 집단 추정이다. 그러므로,

당근은 평균(6과 10)이 8이고,

가지는 평균(3과 7)이 5이고,

감자는 평균(5와1)이 3이다.

바로 이 평균이 개인이 개별적으로 한 추정보다 더욱 정확하다고 여기는 것이다. 다시 확인해보자. 우리가 계산할 것은 1) 참가자들의 오차, 평균, 2) 이들의 집단적 예측의 오차다.

1) 참가자들의 오차

더 읽을거리

이를 계산하려면 각 참가자의 오차를 계산하는 것부터 시작해야 한다. 바로 참가자의 추정과 실제 값의 차이다. 양수와 음수의 차이에 동일한 가중치를 주고자 모두 제곱수를 만든다. 퀄리는 당근은 0킬로그램, 가지는 2킬로그램, 감자는 4킬로그램을 틀렸다. 이 오차(제곱)들의 합은 다음과 같다.

$$(6 - 6)^2 + (3 - 5)^2 + (5 - 1)^2 = (0)^2 + (-2)^2 + (4)^2 = 0 + 4 + 16 = 20$$

앙투안도 똑같이 계산하면 다음과 같다.

$$(10 - 6)^2 + (7 - 5)^2 + (1 - 1)^2 = 16 + 4 + 0 = 20$$

따라서 참가자들의 오차 평균(20과 20)은 20이다.

2) 집단 오차

이들의 집단 추정의 오차도 같은 원리로 계산한다.
$$(8 - 6)^2 + (5 - 5)^2 + (3 - 1)^2 = 4 + 0 + 4 = 8$$

따라서 집단 추정의 오차는 8이다. 퀄리와 앙투안의 오차 평균은 20이다. 이 둘 사이에는 '12'라는 차이가 존재하고, 집단 오차가 더 적다. 그런데 이 12는 어디서 나온 것일까? 당연히 예측의 다양성 정리에서 나온 것이다. 스콧 페이지는 다음과 같이 설명한다.
집단 오차(8)는 퀄리와 앙투안의 평균 오차(20)에서 예측의 다양성을 뺀 값이다.
이런 예측의 다양성은 찾아내기가 아주 쉽다. 이는 참가자들의 추정과 추정들의 일반 평균(이것을 분산이라고도 부른다) 사이의 편차다. 당근은 추정 평균이 더 높게, 8로 계산됐다. 가지는 5다. 감자는 3이다.
이 평균에 대한 퀄리의 편차는 다음과 같다.

$$(6 - 8)^2 + (3 - 5)^2 + (5 - 3)^2 = 4 + 4 + 4 = 12$$

앙투안은 다음과 같다.

$$(10 - 8)^2 + (7 - 5)^2 + (1 - 3)^2 = 4 + 4 + 4 = 12$$

따라서 이 편차의 평균은 예측의 다양성으로, 평균(12와 12)이 12다.
연구의 저자는 우리에게, 언제나 조금의 다양성이 존재하므로, 집단 오차는 개별 참가자의 오차 평균보다 항상 더 적을 것이라고 설명한다(따라서 개별 오차 평균에서 다양성을 **뺀다**). 달리 말하면, 의견이 다른 사람들이 생기자마자 집단의 정확성은 개별의 정확성을 평균한 것보다 더 좋을 것이다! 휴우, 끝났다. 끝까지 잘 따라왔다면 축하한다!

8. 성, 조종 그리고 영양

● 배후 조종자 토피에 대한 논문 원본:
Bro-Jørgensen, J., Pangle, W. M., "Male topi antelopes alarm snort deceptively to retain females for mating", *The American Naturalist*, 176 (1), 2010, E33-9.

9. 쇠똥구리는 은하수를 따라 걷는다

● 쇠똥구리 실험과 은하수에 관한 논문:
Dacke, et al., "Dung beetles use the milky way for orientation", *Current Biology*, 2013.

● 지표가 없는 자연계에서 인간의 보행을 연구한 논문:
Souman, J. L., Frissen, I ., Sreenivasa, M. N., Ernst, M. O., "Walking Straight into Circles", *Current Biology*, vol. 19, 18, 2009, p. 1538-1542.

10. 코끼리의 지진

● 코끼리가 마사이족과 캄바족을 구분할 수 있다는 것을 보여주는 캐런 매콤의 논문:
McComb, K., et al., "Elephants can determine ethnicity, gender, and age from acoustic cues in human voices", *Proceedings of the National Academy of Sciences* 111. 14, 2014, p. 5433-5438.

● 호모사피엔스가 여러 대륙 위에 확산하는 동안 장비목은 대거 쫓겨났다:
Sanchez, G., et al., "Human(Clovis)-gomphothere(Cuvieronius sp.) association~ 13,390 calibrated yBP in Sonora, Mexico", *Proceedings of the National Academy of Sciences*, 111. 30, 2014, p. 10972-10977.

Surovell, T., Waguespack, N., Brantingham, P. J., "Global archaeological evidence for proboscidean overkill", *Proceedings of the National Academy of Sciences*, 102.17, 2005, p. 6231-6236.

● 코끼리는 매우 발전한 청각 사회관계망을 보유하고 있다:
McComb, K., et al., "Unusually extensive networks of vocal recognition in African éléphants", *Animal Behaviour*, 59.6, 2000, p. 1103-1109.

● 코끼리는 매우 광범위한 음성 레퍼토리가 있다:
내셔널지오그래픽 사이트에서 한번 들어볼 것:
http://www.nationalgeographic.com/news-features/what-elephant-calls-mean/
아니면 엘리펀트보이스Elephant Voices 공식 사이트에서:
http://www.elephantvoices.org/
Poole, J. H., "Behavioral contexts of elephant acoustic communication", *The Amboseli Elephants: A Long-term Perspective on a Long-lived Mammal*, The University of Chicago Press, 2011, p. 125-161.

● 케이틀린 오코넬Caitlin O'Connell의 연구가 이 분야의 기반을 세웠으므로, 오코넬의 논문들은 코끼리의 지진을 이용한 의사소통에서 기준이 된다:
O'Connell-Rodwell, C. E., "Keeping an "ear" to the ground: seismic communication in elephants", *Physiology* (Bethesda, Md.), 22, 2007, p. 287-294.

11. 라텔, 대량 살상 무기

● 이 종은 공식 사이트가 있을 만큼 너무나 굉장하다:
http://www.honeybadger.com/

● 이 글은 『금주의 나쁜 놈Badass of the week』의 저자인 벤 톰프슨Ben Thompson에게 많은 영향을 받았다. 어서 톰프슨의 사이트 www.badassoftheweek.com에 가서 역사적 인물들의 전기를 읽어보시라. 천재적이다.

● 라텔의 업적은 인터넷에서도 화제를 낳았다:
http://www.youtube.com/watch?v=4r7wHMg5Yjg

● 이라크 바스라의 정직한 시민을 공격하는 라텔 무리에 대해서는 이 영어 기사를 읽어보면 된다:

http://www.news.com.au/dailytelegraph/story/0,22049,22056684-5001028,00.html

● 회색곰, 백상아리 그리고 대왕오징어 사이의 돌연변이 잡종으로는 무엇이 나올지, 베어샤크토푸스bearsharktopus 사이트를 참조하라:

http://knowyourmeme.com/memes/bearsharktopus

● 남아공 탱크:

http://en.wikipedia.org/wiki/Ratel_IFV

12. 〈라이언 킹〉의 충격적인 사실

● 갈기가 어두운색인 사자에게 갈기가 밝은색인 사자보다 더 많은 테스토스테론이 있다는 사실을 보여주는 연구:

West, P., Packer, C., "Sexual selection, temperature, and the lion's mane", *Science*, 297, 2002, p. 1339-1343.

http://www.sciencemag.org/content/297/5585/1339.short

● 위키피디아에서는 하이에나의 몇몇 발성 예시를 제공한다:

http://en.wikipedia.org/wiki/Spotted_hyena#Vocalisations

● 응고롱고로 분화구 사자들의 근친관계가 이 블로그 글에 잘 소개돼 있다:

http://fish-dont-exist.blogspot.fr/2013/01/leslions-ce-que-vous-napprendrez-pas.html

● 그리고 이 과학 논문에서 연구되었다:

Wildt, D. E., Bush, M., Goodrowe, K. L., Packer, C., Pusey, A. E., Brown, J. L., Joslin, P., O'Brien, S. J., "Reproductive and genetic consequences of founding isolated lion populations", *Nature*, 329, 1987, p. 328-331.

13. 새끼 사자 살해범 제조소

● 짐바브웨 황게국립공원의 지하수 취수에 대한 간결한 연대기적 설명:

http://newswatch.nationalgeographic.com/2013/03/08/waterholes-hwange-national-park-zimbabwe/

● 우유 유지 도둑 박새에 관한 BBC의 필름:
http://www.youtube.com/watch?v=Sv0zh7a1_p4

● 솔개와 플라스틱 둥지에 관한 과학 논문:
Fabrizio, S., et al., "Raptor nest decorations are a reliable threat against conspecifics", *Science*, 331.6015, 2011, p. 327-330.

● 새들의 담배꽁초 사용에 관한 과학 논문:
Suarez-Rodriguez, M., Lopez-Rull, I., Macias Garcia, C., "Incorporation of cigarette butts into nests reduces nest ectoparasite load in urban birds: new ingredients for an old recipe?", *Biology Letters*, 9 (1), 2012, 20120931-20120931.

● 자동차를 호두 까는 기구로 이용하는 까마귀의 BBC 영상:
http://www.youtube.com/watch?v=BGPGknpq3e0

● 그리고 이 현상의 분산을 연구한 과학 논문:
Yoshiaki, N., Higuchi, H., "When and where did crows learn to use automobiles as nutcrackers?", *Tohoku Psychological Folia*, 60 : 93-97, 2002.

● 도로의 제한 속도에 따라 출발을 조절하는 새들에 관한 과학 논문:
Legagneux, P., Ducatez, S., "European birds adjust their flight initiation distance to road speed limits", *Biology letters*, 9.5, 2013, 20130417.

● 그리고 자동차 위에서 파도타기를 하는 비둘기에 대한 비디오:
http://www.youtube.com/watch?v=8B00GKDv-Zg

● 배수관 안에서 노래하는 개구리의 이면을 다룬 과학 논문:
Tan, W. H., et al., "Urban canyon effect: storm drains enhance call characteristics of the Mientien tree frog", *Journal of Zoology*, 2014.

● 스포츠 사냥이 새끼 사자 살해 비율에 끼친 영향은 이 연구 자료를 참조:
Loveridge, A. J., et al., "The impact of sport-hunting on the population dynamics

of an African lion population in a protected area", *Biological Conservation*, 134.4, 2007, p. 548-558.

● 코끼리 도살은 수십 년 동안 이어진 사회적 붕괴를 일으킨다:
Graeme, S., et al., "Effects of social disruption in elephants persist decades after culling", *Frontiers in Zoology*, 10.1, 2013, p. 62.

● 인간과 환경의 관계를 바라보는 관점의 변화와 관련한 더욱 자세한 내용은:
http://thebreakthrough.org/index.php/programs/conservation-and-development/humanitys-pervasive-environmental-influence-began-long-ago/

14. 밀려드는 건조함

● 재앙을 일으키는 전이의 역학에 대해 좀 더 멀리 가보자면, 이를 아주 명확한 방식으로 검토한 소니아 케피Sonia Kéfi의 훌륭한 논문이 프랑스 생태학 학회의 좀 덜 훌륭한 사이트 '생물 다양성에 대한 시각Regards sur la biodiversité'에 머물고 있다:
http://www.sfecologie.org/regards/2012/10/19/r37-hysteresis-sonia-kefi/

● 이 글은 생태계 안에서 재앙을 일으키는 전이의 또 다른 사례들을 제시한다:
http://danslestesticulesdedarwin.blogspot.it/2013/05/avalanches-sur-la-biosphere-episode-2.html

● 더 깊이 있는 내용을 담은 다른 과학 논문들:
- Scheffer, M., Carpenter, S., Foley, J. A., Folke, C., Walker, B., "Catastrophic shifts in ecosystems", *Nature*, 413 (6856), 2001, p. 591-596.
- Rietkerk, M., Dekker, S. C., De Ruiter, P. C., Van de Koppel, J., "Selforganized patchiness and catastrophic shifts in ecosystems", *Science*, 305 (5692), 2004, p. 1926-1929.
- Scheffer, M., Bascompte, J., Brock, W. A., Brovkin, V., Carpenter, S. R., Dakos, V., Held, H., et al., "Early-warning signals for critical transitions", *Nature*, 461 (7260), 2009, p. 53-59.
- Scheffer, M., Carpenter, S. R., Lenton, T. M., Bascompte, J., Brock, W., Dakos, V., Van de Koppel, J., et al., "Anticipating critical transitions", *Science*, 338 (6105), 2012, p. 344-348.

15. 그리고 인간은?

● 인류의 진화 역사 연대기를 담은, 위키피디아 백과사전의 이 글은 출전이 잘 명시돼 있고 매우 명확하다. 이 글에서는 언젠가 호모사피엔스를 낳게 될 종들의 주요한 생물학적 진화의 순간들을 찾아볼 수 있다.
http://en.wikipedia.org/wiki/Timeline_of_human_evolution

● 호모에렉투스가 익히기를 사용한 것은 약 200만 년 전으로 거슬러 올라가고, 그 결과들은 이 논문에 발표되었다.
Organ, C., Nunn, C. L., Machanda, Z., Wrangham, R. W., "Phylogenetic rate shifts in feeding time during the evolution of Homo", *Proceedings of the National Academy of Sciences*, 108 (35), 2011.

● 하지만 이런 종류의 발표들은 신랄한 비판 없이 진행되지 않는다:
Roebroeks, W., Villa, P., "On the earliest evidence for habitual use of fire in Europe", *Proceedings of the National Academy of Sciences*, 108 (13), 2011, p. 5209-5214.

● 영장류(당연히 우리도 포함된다, 우리도!)의 지능과 뇌 크기의 진화를 다룬 좋은 학술지:
Gerhard, R., Dicke, U., "Evolution of the brain and intelligence", *Trends in cognitive sciences*, 2005, vol. 9, n° 5, p. 250-257.

● 호모에렉투스는 오랫동안 코끼리를 따랐다:
Ben-Dor, M., Gopher, A., Hershkovitz, I., Barkai, R., "Man the fat hunter : the demise of Homo erectus and the emergence of a new hominin lineage in the Middle Pleistocene (ca. 400 kyr) Levant", *PloS one*, 6 (12), 2011.

● 최근의 유전 연구 결과에 따르면, 호모사피엔스 종은 30만 살이 넘을 것이다:
Mendez, F. L., Krahn, T., Schrack, B., Krahn, A. M., Veeramah, K. R., Woerner, A. E., Hammer, M. F., "An African American paternal lineage adds an extremely ancient root to the human Y chromosome phylogenetic tree", *The American Journal of Human Genetics*, 92 (3), 2013, p. 454- 459.

● 네안데르탈인에게서 우리에게로 온, 강력한 선택에 놓인 유전자에 대한 아주 최신 논문:
Sankararaman, S., Swapan, M., Dannemann, M., et al., "The genomic landscape of Neanderthal ancestry in present-day humans", *Nature*, 2014.

157

● 수천 년 전부터 인간에게 영향을 받아온 서아프리카 사바나 생태계에 관한 대중화 논문:
Ballouche, A., Rasse, M., "L'homme, artisan des paysages de savane", *Pour la science*, n° 358, 2007.

● 보존으로 말미암은 피난민에 대해:
Dowie, M., *Conservation Refugees: The Hundred-Year Conflict between Global Conservation and Native Peoples*, MIT Press, 2009, p. 12.
● 그리고 20세기의 보존 이데올로기에 관한 매우 흥미로운 글의 불어 번역본:
http://leo.grasset.free.fr/index.php/la-conservation-dans-lanthropocene/

● 앨런 새이버리의 작업에 관심이 있다면 새이버리의 TED 강연을 시청할 수 있다:
http://www.ted.com/talks/allan_savory_how_to_green_the_world_s_deserts_and_reverse_climate_change.html

부록—보호구역: 성격과 자동차

다른 아주 많은 종에서 성격을 찾아볼 수 있다.

● Bell, Alison M., Shala J. Hankison, Kate L. Laskowski. "The repeatability of behaviour: a meta-analysis." *Animal Behaviour* 77.4 (2009): 771-783.

● Ducrest, Anne-Lyse, Laurent Keller, Alexandre Roulin. "Pleiotropy in the melanocortin system, coloration and behavioural syndromes." *Trends in Ecology & Evolution* 23.9 (2008): 502-510.

감사의 말

한 권의 책이 되기 전 이 글들은 블로그의 게시물이었고, 글로 만들어지기 전의 내용은 현장에서 겪은 경험이었다. 이 경험은 특별히 나를 황게로 보내준 시몽 샤마예잠Simon Chamaillé-Jammes 덕분이다. 하지만 나를 감싸고 지지해준 드니 레알Denis Réale과 에르베 프리츠Hervé Fritz 덕분이기도 하다.

이 작은 책은 열세 사람의 지지와 너그러운 도움이 없었다면 그저 기획되지 못했을 것이다. 나의 친구들 알리스 바니엘Alice Baniel, 티모테 보네Timothée Bonnet, 폴 손데르스Paul Saunders 그리고 파스칼 밀시Pascal Milesi에게 감사한다. 카롤린 그루Caroline Grou, 카네 드 케르두르Canet de Kerdour 가족, 장이브 들라비외Jean-Yves Delaveux, 오펠리아 크뤼스Ofelia Cruces, 그르미옹Gremion 가족 그리고 특별히 내 가족 에리크 비탈Eric Vitale, 장마리 다돌Jean-Marie Dadolle, 쥘리Julie와 부모님께

감사한다.

이 책을 만들면서 받은 영감 가운데, 중요한 세 가지 영감의 출처를 밝혀야 한다. 피에르 케르네Pierre Kerner의 블로그 〈잡동사니와 낡아빠진 것Strange Stuff and Funky Thing〉, 소치필리Xochipilli의 블로그 〈호기심 웹사무소Le Webinet des curiosités〉 그리고 톰 루Tom Roud의 블로그 〈살아 있는 것들Matières vivantes〉. 이들 각각의 연구는 2장, 6장 그리고 3장에서 그 흔적을 다시 찾아볼 수 있다. 그들의 블로그는 정보의 보고이고, 그들은 내가 대중화 작업을 하도록 동기를 유발해준 사람에 속한다. 가장 일반적인 의미에서 〈과학의 카페C@fe des sciences〉는 필수적인 불어권 과학 대중화 포털이다. 만약 이 책이 마음에 들었다면……, 이 포털에 있는 글들도 아주 잘 받아들일 것이다.

삽화를 그려준 콜라스Colas 그리고 나머지를 다 맡아준 그웬Gwen에게 감사한다.

감사의 말

2　점박이하이에나의 암컷은 평균적으로 수컷보다 몸집이 크지만, 수컷과 구분하기는 어렵다. 암컷이 수컷과 해부학적으로 많은 특징을 공유하기 때문이다. 클리토리스는 길이가 18센티미터에 이르기도 하며, 맨눈으로 보기에 페니스와 유사하다!(16쪽 참조) 우리는 페니스를 가페니스 안에 삽입하는 일이 세상에서 가장 간단한 운동은 아니라고 헤아릴 수 있다. 그래서 다음과 같은 가설이 나왔다. 아마도 이 가페니스는 교미를 어렵게 하면서, 암컷이 자신을 임신시킬 수컷을 고르게 해주는 게 아닐까? 실제로 조금 자리를 잘못 잡은 듯한 이 기관이 진화한 이유는 생물학자들에게는 여전히 수수께끼다. (ⓒ Wikimedia commons, Stig Nygaard)

1　(앞 장). 소등쪼기새과Buphagidae의 소등쪼기새 한 마리가 기린의 목 위에 내려앉을 준비를 한다. 이 새는 기린의 털 속에 사는 기생충을 먹는데, 이것은 좋은 점이다. 하지만 이들은 피를 마시려고 부리로 상처를 뚫는 불쾌한 버릇이 있기도 한데, 이것은 별로 좋은 점이 아니다. 이는 대부분 그 차이가 미세한 공생과 기생의 경계를 보여주는 훌륭한 예다.

3 이 검은꼬리누Connochaetes taurinus 무리는 먹이를 찾으려고 다른 곳으로 이동한다. 19세기 말, 동아프리카에 우연히 유입된 우역(소, 양, 산양에 생기는, 급성 접촉 감염성의 치명적인 바이러스성 질환—옮긴이)은 솟과 가축뿐만 아니라……, 물소나 누 같은 야생동물의 개체군에 막대한 피해를 초래했다. 몇 년 만에 이 모빌리바이러스morbillivirus는 아프리카 대륙 전체로 확산하였다. 지금까지도 추산하기는 어렵지만 수백만 마리로 헤아려지는 수의 죽음을 불러왔다. 오늘날 완전히 박멸된 질병들의 매우 사적인 모임에 다행히 이 바이러스가 포함되어 있다.

4 암컷 임팔라 한 마리가 경쟁하는 두 마리의 수컷을 관찰한다. 하지만 이 수컷들의 번식기는 끝났으므로, 이것은 별다른 목적이 없는 영역 놀이에 불과하다.

5 수백 마리의 엄청난 물소*Syncerus caffer* 떼가 은궤슐라Ngweshla 수원에 모였다. 이들의 갑작스러운 등장은 물줄기에 사는 하마들을 약간 방해해서 놀라운 대결을 일으켰다. 물소는 다수가 무리를 지어 이동하는데, 숫자와 집단 경계를 통해 포식을 무력화하는 덕분에 이들에게 추가적으로 안전을 보장한다.

6 암컷인 가장 한 마리가 이끄는 코끼리의 무리가 일제히 니야만들로부Nyamandlovu 물줄기에 도착했다. 이곳은 이러한 집합 장소로 유명하다. 이름을 잘 지었는데, 니야만들로부는 은데벨레Ndebele어로 '많은 코끼리'라는 뜻이다. 가장의 나이는 무리 구성원의 안전에 중요한 역할을 하는 요소다. 나이 든 암컷 코끼리는 자신의 많은 경험 덕분에 위험한 상황에 더욱 잘 대처할 수 있다.

7 황혼 무렵, 기린들이 황게국립공원 가장자리에 있는 주택가로 다가온다. 포식자는 감히 집들 사이에서 위험을 무릅쓰려고 시도하지 않으므로 기린이 이곳을 피난처로 삼는다. 그래도 사자는 가끔 자신의 운을 시험해보기도 한다.

8 활동 중인 표범을 한낮에 보는 것은 드문 일이다. 내가 카메라를 꺼내는 그 짧은 시간에 표범은 이미 풀숲 속으로 뛰어갔다. 아마도 표범이 특별히 좋아하는 사냥 시간인 밤이 오기를 기다리며 쉬러 가는 것일 수도 있다.

9 저녁 무렵, 암컷 쿠두들이 물을 마시러 샘으로 온다. 포식에 유리한 시간이므로 경계 태세를 취한다. 여기에서는 두 마리 개체가 무리의 나머지 개체들을 위해 경계한다. 쿠두는 누가 경계를 설지 서로 조정하기보다는 점진적인 모방 체계로 기능한다. 내 이웃이 경계하면 나 역시도 경계하는 경향을 보이는 것이다.

10 언뜻 봐서는 단지 버려진 흰개미 군락의 잔해일 뿐인 이 진흙 더미에 경탄하기는 힘들다. 그러나 작은 언덕 위에 튀어나온 죽은 나무의 몸통이, 이 군락을 사용하던 때는 상당히 비옥했었으리라는 사실을 알려준다. 게다가 복합적인 내부 건축과, 둥지를 환기하고자 흰개미가 찾아낸 해결책을 보면 우리가 앞서 말한 진흙 더미를 두고 몇 초 동안 감탄할 만한 가치가 충분하다.

11 얇은 줄무늬, 두꺼운 줄무늬, '음영이 있는' 또는 '없는' 줄무늬 등 얼룩말의 털 무늬는 한 개체와 다른 개체 사이에서 매우 다양하다. 조금만 훈련하면 맨눈으로도 구분할 수 있는데, 현장에서 이들을 연구하고 싶을 때 매우 편리하다! 알아야 할 사실. 얼룩말 한 마리의 오른쪽 옆구리와 왼쪽 옆구리에 있는 검은 바탕에 흰색 줄무늬는 절대로 대칭을 이루지 않는다. 줄무늬의 형성과 관련한 메커니즘은 여러 모델로 설명할 수 있다. 이 주제에 대해 구체적인 가설을 제시한 최초의 인물은 다름 아닌 컴퓨터의 아버지 앨런 튜링Alan Turing이다! 1952년에 발표한, 이 주제의 기초가 되는 논문 「형태 형성의 화학적 기초The Chemical Basis of Morphogenesis」에서 최종적인 줄무늬는 튜링이 '반응·확산' 과정이라 부르는 수많은 국지적인 상호작용의 결과라고 제시했다. 튜링의 발상은 생물학에서 다수의 현상을 이해하는 데 도움을 주었다.

12 다수의 연구자가 줄무늬는 얼룩말들이 서로 식별하는 데 쓰인다고 말하지만, 오늘날 가장 진지하게 고려되는 가설들은 훨씬 더…… 이국적이다(37쪽 참조)!

13 이 망아지는 태어난 지 몇 달밖에 되지 않았다. 이 망아지의 줄무늬 색은 털이 초콜릿색인 갓 태어난 새끼처럼 밤색을 띤다. 나이를 먹으면서 이 망아지의 털은 검어지고 덜 무성해질 것이다.

16 (다음 장).
해가 막 진 뒤, 하늘에 별이 보인다. 풍뎅이에게는 빛 공해가 없으므로, 별 덕분에 좋아하는 배설물 찌꺼기 공을 자기 땅굴 방향으로 조용히 밀고 갈 수 있다.

14 이 어린 수컷 쿠두는 해 질 녘에 신중하게 주위를 감시한다. 사자와 같은 많은 포식자가 해가 지면 사냥에 나서므로 사바나의 초식동물에게는 매우 위험한 시간이다.

15 이 임팔라들은 수십 마리의 개체를 포함하는 한 무리 안에서 생활한다. 이 개체군은 수년 전부터 반복적으로 연구의 대상이 되고 있는데, 연구자들이 많은 의문을 품고 있기 때문이다. 어떤 요소가 얼마만큼의 비율로 임팔라의 경계심에 영향을 줄까? 임팔라와 다른 초식동물들 사이의 생태학적 관계는 어떨까?

17 세렝게티국립공원Serengeti National Park의 어린 사자. 이 사자의 아버지가 다른 수컷 때문에 무리에서 내쫓기게 된다면 이 새끼는 심각한 위험에 처할 수 있다……. '심각한 위험'은 완곡한 표현인데, 수컷이 교체될 때 새로 온 수컷은 이전 수컷의 새끼들을 철저히 죽이기 때문이다. (ⓒ Flickr, ganesh_raghunathan)

18 왼쪽: 정원사새Ptilonorhynchus violaceus의 둥지. 이 새는 플라스틱 조각으로 둥지를 장식해서 암컷의 마음에 들려고 노력한다. (ⓒ Flickr, thinboyfatter) 오른쪽: 파란색 나일론 끈으로 만들어진 둥지. 인간의 물품을 동물이 재사용하는 예는 얼마든지 있다. 생물계에 미치는 인간의 영향력은 생태적 피해에만 그치지 않고, 예상치 못한 행동의 변화를 이끌기도 한다! (ⓒ Flickr, minicooper93402)

19 우기의 끝, 황게국립공원의 한 자연 수원. 깊이가 얕은 이 수원은 건기가 진행되면서 말라가고, 이곳에 물을 먹으러 오던 포유동물은 점차 이곳을 찾지 않게 될 것이다.

20 건기가 한창인 시기, 버려진 활주로 하나. 이런 금빛을 띨 때까지 풀은 점차 마르겠지만, 우기의 첫 비가 이 곳을 아주 빠르게 다시 녹색으로 물들일 것이다. 몇 달 정도인 한 계절 동안에만 집중되는 비는 생물이 특별한 형태나 이주 행동 들을 통해 이 규칙적인 변화에 적응하도록 했다. 황게국립공원의 이주 습관은 디젤 펌프의 출현으로, 특히 코끼리에게서 크게 변화했다.

21 이 버빗원숭이는 풍부한 먹이를 쉽게 손에 넣으려고 인간의 주거지에 있는 쓰레기통을 뒤진다. 전 세계 여러 곳에서 많은 원숭이 종이 인간과 공생하게 됐고 인간의 쓰레기를 먹거나……, 먹을거리를 훔치고자 부엌에 침입하기도 한다!

23 (다음 장). 해가 질 무렵, 남아프리카공화국의 룰루웨움폴로지국립공원Hluhluwe-Umfolozi National Park에서 기린 한 마리가 아카시아 잎 식사를 마치고 있다.

22 이 람프로토르니스Lamprotornis속 찌르레기는 황게국립공원의 관광시설 주위에 살며, 거대한 동물상을 관찰하러 온 방문객이 남긴 음식을 먹는다. 이들은 인간에게 완벽히 적응했으며, 덕분에 관광객이 만들어낸 많은 쓰레기를 유리하게 이용할 수 있다!